星星书架

出发，去看宇宙啦

李春雨 著 曹玺成 摄

徒手篇

机械工业出版社
CHINA MACHINE PRESS

本书是"星星书架"丛书的第一本，为孩子讲述天文观测的第一梯级——徒手观测。作为资深的小学天文老师，作者把徒手观测巧妙分解为一个个小小的晋级台阶，如"北极星竟然不是全天最亮的星星！""转瞬即逝的梦想快递员：流星"……小读者将跟随作者，去经历令人捧腹大笑的观测奇遇，去寻找目标、完成观测；也可在"星空加油站"获取知识，在作者妙趣横生的讲述中，解开心中的谜团。每一节都为小读者提示了难度星级和成就来源，便于他们实际观测后获得自我激励。附录中为小读者介绍了中国各大天文馆，告诉他们如何筹备自己的"天文百宝箱"，还为他们设计了"天文挑战成就榜"，方便每次观测后进行打卡记录。读完这本书，小读者会更加喜爱宇宙星空，当他们开始自己进行简单的天文观测时，就再也不会对漫天星辰晕头转向啦！

图书在版编目（CIP）数据

出发，去看宇宙啦. 徒手篇/李春雨著；曹玺成摄. —北京：机械工业出版社，2024.7

（星星书架）

ISBN 978-7-111-75899-0

Ⅰ. ①出… Ⅱ. ①李… ②曹… Ⅲ. ①天文观测–少儿读物 Ⅳ. ①P12-49

中国国家版本馆 CIP 数据核字（2024）第 103585 号

机械工业出版社（北京市百万庄大街22号　邮政编码100037）
策划编辑：张晓娟　　　　　责任编辑：张晓娟　彭　婕
责任校对：贾海霞　王　延　责任印制：张　博
北京华联印刷有限公司印刷
2024年8月第1版第1次印刷
169mm×239mm · 10.25印张 · 84千字
标准书号：ISBN 978-7-111-75899-0
定价：69.00 元

电话服务　　　　　　　　　网络服务
客服电话：010-88361066　机 工 官 网：www.cmpbook.com
　　　　　010-88379833　机 工 官 博：weibo.com/cmp1952
　　　　　010-68326294　金 书 网：www.golden-book.com
封底无防伪标均为盗版　机工教育服务网：www.cmpedu.com

序言

PREFACE

星空，一个充满未知和魔力的地方。从古至今，无数人仰望星空，惊叹于宇宙空间的广袤和时间的永恒。

"迢迢牵牛星，皎皎河汉女"，那是古老诗词中星空的倩影；梵高常常被人提起一幅名画《星月夜》，那是画家笔下璀璨的星空；位于美国西弗吉尼亚州的罗伯特·C.伯德绿岸望远镜，可以捕捉类地行星"像雪花落到地上"般的微弱信号，那是天文学家穷尽毕生心血在观测、研究的星空……几乎每一个时代、每一种文明都喜欢仰望星空，希望用人类的智慧解开那闪烁的星光中所蕴藏的无穷奥秘。星空总能给人以心灵的震撼和生命的启迪，吸引着人们去探索那无边无际的未知世界。

我是从 2010 年开始带着孩子们观测星空的，我们在北京寒冷的冬夜定格故宫午门的星轨，在郊外山顶上观测绚丽星云，也曾在夏日的草原上彻夜拍摄横亘天际的银河与绚烂的流星雨，在芬兰的雪夜中追逐极光……在这个过程中，孩子们收获的不仅仅是天文的知识，他们还变得敏锐、坚韧、豁达。日复一日，天文观测让孩子们心灵更加充盈，人格更加健全。在我们追逐星河、拍摄星空的过程中，他们获得了超乎想象的成长。

也许你看了很多有关天文的科普书，也见过很多星空的照片，但这都远不及你真正仰望星空、观测星空、拍摄星空所感受震撼的万分之一。当你开始观测星空后，你会发现人生中很多烦恼变得渺小了，你内心的世界变得开阔了，你有无穷无尽的好奇和求知的欲望，想要读懂这片星空。

作为一个从业十余年的小学天文老师，我深知孩子们在观测星空时遇到的困惑，明白他们应当按照什么样的顺序通过观测一点点靠近、打开星空的世界。很多学校还没有开设天文课，在这本书中，我会用简单易懂的方法，告诉孩子们那些基本的、观测必需的天文知识，教给他们观测的方法；也把一些实用的技巧和观测记录表给他们，让他们循序渐进，像个天文学家一样去看、去拍、去记录和学习。当然，也希望孩子们通过我们这些年观星遇到的故事，感受天文的无穷趣味。

我诚挚地邀请你打开这本书。我在每一章都圈出了1~3个挑战的目标，完成一个目标，你就能获得一项有趣的成就，"摘"到对应的星星。如果你觉得意犹未尽，附录5中还有更多天文挑战等待你一一解锁，直到你最终获得"宇宙达人"的称号！

仰望苍穹，宇宙是这样浩瀚、美丽，去观测星空吧！每一次发现那些出现在你身边但你从未一探究竟的现象，你都能收获探索带来的惊喜。你心中的小宇宙会变得更加开阔。你将从一个普通的"地球人"，变成拥有望远镜视角的"宇宙人"。

或许将来有一天，星际旅行会成为常态，星空会离我们更近，那时我们看到的宇宙又该多么广阔！

让我们一起仰望星空，拥抱这样的未来！

目录
CONTENTS

第一篇

成就：认识我们的宇宙

难度：★

成就：脑洞大开，思考宇宙级问题

难度：★★★★

出发，去看宇宙啦！

宇宙从哪儿来？

这是天文学家也在思考的终极问题。

天文学家根据实际观测后推测，宇宙可能来自一次大爆炸。

但是，天文学是一门不断探索未知的学科，所以目前天文学家的这个推测未必就是绝对准确的。也许未来有了新的发现又会推翻这个推

测。毕竟科学总是在革新，古代人们都认为世界上所有星星都是围绕着地球转，因为抬头看到的"真相"就是这样。可现在我们知道这并不是"真相"。真相是，地球只是太阳系的一颗行星，和太阳系的众多天体一样围绕着太阳旋转，而太阳则带着大家围绕着银河系的中心旋转。

不管怎样，先聊聊大爆炸的故事吧。故事要从一个科学家的新

发现开始。美国著名的天文学家哈勃发现了一个不得了的现象：不管往哪个方向看，远处的星星都正离我们越来越远。另一位比利时天文学家勒梅特知道后，就陷入了深深的思考，他想：现在星星们正在远离，如果时间后退，那么星星们在很久以前是不是在一起的呢？星星们从一个点喷向四周，就有了现在的宇宙吗？随后，他就提出了大爆炸理论。

 来自对手的命名

"大爆炸"这个名字并不是勒梅特取的。英国天文学家弗雷德·霍伊尔为了嘲笑勒梅特的异想天开，就给勒梅特的这个理论取了个外号，叫"大爆炸"。

霍伊尔为什么嘲笑勒梅特呢？因为当时他是与大爆炸理论对立的宇宙学模型——稳恒态理论的倡导者。大爆炸理论后来得到广泛认可，霍伊尔大约做梦也想不到，自己毕生反对的理论竟是自己来命名的。

我们来让一群小朋友在广场上模拟一下"宇宙是如何诞生的"。

如果星星们的移动就像小朋友们一起向四处奔跑，我们看到远处

的人越跑越远。

如果时间倒流，小朋友们倒退着跑回来。回到了最原始的时刻，大家是在什么位置呢，会不会紧紧地挤在一起？看起来会像一个球，像一颗蛋，或者像一个核桃吗？

当他们挤得太难受了，想要松松身子。"砰"的一声，挤在一起的小朋友们一哄而散，跑向四面八方，慢慢形成了类似宇宙的样子。这种想法被称为"大爆炸理论"。

后来呢？大爆炸后，宇宙中产生了什么？

刚刚的大爆炸之后，小朋友们跑呀跑呀，有一些找到一片空地便停下来睡大觉，有一些手拉手在一起转圈圈，有一些紧紧围在一起。他们就类似于宇宙中的星云、星系、星团……

星云

星系

星团

我们在宇宙的什么位置?

地球也是在这个过程中形成的。低头看看我们脚下的大地,望一望远处的风景,如果没有学过科学知识,谁能想到我们是住在一个球上面呢?这个球就是地球。

想知道我们现在到底在宇宙中的什么位置吗?那我们就从地球出发,到宇宙的边缘探个究竟吧!这一路你可以用一张纸先记录一下咱们的地址。

宇宙空间中充满了未知的辐射,也没有空气和水。出发之前请先穿上航天服哦。准备,出发啦!

起飞!随着高度的上升,空气越来越轻,周围慢慢变得漆黑,地球的轮廓逐步显现。还好我们穿着航天服,否则稀薄的空气不够我们呼吸,寒冷的温度也能将我们冻僵。

蔚蓝色的地球从一个平面慢慢变成了弧面。随着我们越飞越高,我们逐渐就能看到地球的全貌了。那是一颗蓝色的星球,它在漆黑的太空中是如此的璀璨。四周看一圈，太阳还是那么明亮。可是周围为什么不像在地球上面看时满天都是亮光的样子呢？这是因为地球上的大气层可以散射太阳光，太阳的光线照到大气层上的时候，空气中的颗粒会像小镜子一样向四面八方散射太阳的光线。所以，白天在地球上看，天空就是亮的。但是在太空中没有这样的"小镜子"，阳光没有被散射，所以宇宙空间就是黑漆漆的了。

为了不走丢，我们还是记录一下回家的地址。

我的家——地球

当我们慢慢飞远，地球也逐渐变小。随着我们的靠近，有一颗星逐渐变大，它是距离地球最近的一颗星球，我们唯一的天然卫星——月球。它总是在默默地围绕地球旋转。让我们围着月球飞一圈！你会惊奇地发现，月球的表面有密密麻麻的坑，和我们在地球上看到的完全不一样。飞近它，你会发现它身上的坑是圆形的，有大有小，还有一些重叠在一起。这些坑的名字叫环形山，这是月球为地球挡下巨大陨石时留下的伤痕。

我们告别月球，飞呀，飞呀，慢慢地，地球和月球看起来越来越小了。如果我们可以让时间加速，就可以看到月球围绕着地球转圈圈。先别着急走，仔细看一

会儿你会发现，月球永远都用一面对着地球。秘密是月球绕地球转一圈的同时，自己也自转了一圈。这也就是为什么一个人站在地球上永远也不会看到月球的背面的原因。

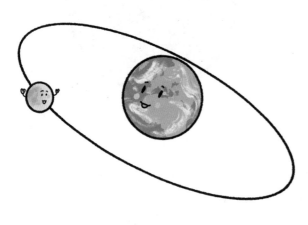

地址更新：

我的家——地球，地月系统

告别地月系统，我们继续飞，太阳系的全貌逐渐映入我们的眼帘。你本以为，能看到太阳系的八大行星围绕着太阳转。事实却并不是这样，因为太阳系的行星们都距离比较远，当我们飞得足够远，

能看到太阳系全貌的时候，就没办法清晰地看到每一颗行星。我们在书上看到的太阳系全家福都是假的吗？不能说是假的，科普书一般想主要表现的都是行星之间大小的差异，距离因素就被"牺牲"了。为了把它们放到一张图片里，只能把距离拉近，让它们挤在一起了。

地址更新：

我的家——地球，地月系统，太阳系

现在，太阳的家人们已经一一出现在我们面前。你可以看到，围着太阳的行星小朋友有8个，我们的地球就是其中之一。太阳系的中心是为我们提供能量的太阳。

太阳可是这个家里的"大胖子"，如果整个太阳系有100斤的话，它一个人就占了99斤，其他成员加在一起还不到1斤。不过，你不用劝太阳减肥，它时刻都在燃烧自己的"脂肪"，给我们提供能量。

告别太阳，继续前进。随着距离的逐渐拉远，太阳看起来也像天上普通的星星一样，是个小亮点了。加速飞行，会飞过大大小小的"太阳系"们，直到银河系的全貌逐渐展现在我们眼前。它长得像一个大漩涡，运动起来就像风车在旋转。你想不想自己亲手造一个银河系模型？在盆里放半盆水，再加一些能产生泡泡的洗洁精，向着一个方向不断搅拌，就能看到"手工银河系"的样子。

我们住在银河系的什么位置呢？看下面的图，找找太阳系的位置——原来，我们并没有住在繁忙的星系中心，而是在旁边的郊区。

你不会想去中心住的，因为那里是一个黑洞。如果一不小心碰到黑洞，被它"吃"掉了，可不是一件好玩的事情。

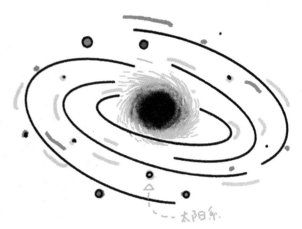

地址更新：

我的家——地球，地月系统，太阳系，银河系

离开这个大漩涡，继续飞远，我们会看到，原来宇宙中有很多很多个星系，就像过年时桌子上摆满了各式各样的美味佳肴，我们的银河系也只是其中一道菜而已。当然，它肯定是你最爱吃的那一道菜。

既然大家都在一个桌子上了，我们也给这一桌子菜取了个名字，叫作"本星系群"，意思就是，住在一起的星系们。

地址更新：

我的家——地球，地月系统，太阳系，银河系，本星系群

离开我们的本星系群，再飞得远一些。环顾四周，能不能看到更多的星系呢？想象一下，如果刚刚的本星系群让你觉得是一家人的大餐桌，那么宇宙就好像是一个大饭店，有很多个餐桌，每个餐桌都是一个星系群。它们或大或小，或靠近或远离，散落在宇宙中形成了宇宙图景。

地址更新：

我的家——地球，地月系统，太阳系，银河系，本星系群，宇宙

截至目前，我们在已知宇宙的大致地址已经确定了。

已知的宇宙已经游览完毕，这就是全部了吗？除此之外还会有

什么？

你还会想到其他问题吗：宇宙有边界吗？如果有，那么宇宙

的外面是什么？会有更大的宇宙吗？如果有，这个更大的宇宙外

面是什么呢？包含所有宇宙的最最最大的宇宙又是什么样的呢？

　　如果我们的宇宙有边界，走出这个边界又是什么呢？宇宙会不会有很多个邻居，像是很多个大大小小的宇宙散落在四处？

　　沿着前面的饭店来比喻。如果我们把大大小小的宇宙都比喻成一个个大饭店，比宇宙更大的空间就像一个城市。城市中有全国各地各式各样的美食大饭店，有北京烤鸭店、老北京炸酱面馆、西安羊肉泡馍店、云南汽锅鸡店、洛阳牛肉汤店……

哎呀，宇宙级的问题的确烧脑呀！

还记得来时的路吗？我们原路返回，休息一下。如果你看到这里刚好是吃饭时间，会不会看到的饭菜都像来自太空的美食呢？先去享受你的"宇宙大餐"吧！

成就：知晓"头顶"天文

难度：★★

宇宙那么大，站在地球上可以看到什么呢？

其实，我们刚飞往宇宙的这一趟旅程，就是天文学家们通过在地球上观测到的数据推断出来的。当然了，他们不只是用肉眼观看，他们还有观天神器——望远镜。

目前世界上最大、最灵敏的单口径射电望远镜——中国天眼 FAST

射电望远镜

光学望远镜

空间望远镜

那我们仅凭自己明亮的双眸可以看到什么呢?

古代天文学家晚上数星星,发现肉眼可见的大概有 6000 多颗。如果你觉得现代人抬头看星星肯定会比古代人看到的多,那你可能就太自信了。实际上,如果我们在大城市中抬头看一眼星空就会发现,就算晴空万里,也只能看到二三十颗星星。这是因为古代夜晚的天空更黑,当时没有那么多灯光,仅有的灯光也不会把天空照亮。城市中的灯光对星空观测的影响相当大,这些灯光把天上的星光都掩盖住了,我们称之为"光污染"。

我们站在地球上看到的星星是宇宙中的全部吗?其实并不是,我们能看到的星星大多是银河系内的。因为银河系很大,里面至少有 200 000 000 000 颗恒星,太远的星星我们肉眼很难看得到。

银河系的想象图，夜空中肉眼可见的星星基本都在这个圆圈之内

夏天的时候，能看到壮丽的夏夜银河。通过上面这张图，你能想到我们看到的银河在哪儿吗？

当你站在图片中红圈的位置，望向四周，星星最多的方向是银

银河

河系中心，那里星星最密集也最明亮。上面这张图就是站在地球上望向银河系中心方向看到的画面。

抬头仰望星空，几千颗星星挂在天上。古代天文学家可就犯了愁，怎么能数清天上的星星，又不会数错呢？于是，各国天文学家就开始发挥自己的想象力，把天上的星星划分成不同的地盘，一块一块地数。有的根据地盘的形状，从神话故事中给这些星星取个名字，还有的把地盘里比较亮的星星用想象的线连接起来，形成了特定的图形，这样慢慢就有了我们所认识的星座。

抬起头，我们看到的漫天星光都是一样的吗？宇宙这么大，当然要生出不同种类的星星啦！这里有自己就能发光发热的恒星，它们都是一个个正在熊熊燃烧的大火球，个头有大有小，年龄有年轻的也有年老的。我们的太阳就是其中一员，它大概可以活100亿年，到现在它已经50亿岁了，正是年轻力壮的年纪，如果不出意外，还可以再活 50 亿岁呢！

　　星星中，除了有会自己发光的大火球，还有些不会自己发光的星星。它们大多都是围绕着恒星转圈圈。它们中有的像地球一样，是石头球；有的像木星一样，是大气球。我们的太阳系中有 8 颗这样的大行星。例如，金星、木星、水星、火星、土星 5 颗行星，就是古人最早发现的行星。它们不会自己发光，看起来明亮是因为太阳光把它们照亮了。就好像这一刻你能看到这本书上的文字，并不是它会发光，而是光线把它照亮了。

如果你抬头观察星空会发现，金星看起来比会发光的恒星还要亮，它不是不会发光吗？原来，行星虽然只是反射了太阳的光，但它们距离地球很近，所以有些看起来比恒星还要亮。就像把一个小手电和街道的路灯摆在一起，路灯的亮度会大很多。但如果把小手电放在眼前，而路灯在街道尽头，有可能小手电看起来会更加明亮。金星看起来很亮也是一样的道理。

　　如果用肉眼看，金星、木星、水星、火星、土星这 5 颗行星就是挂在天空中的小亮点儿。如果你仔细盯着它们看，会发现它们的确和别的星星不一样——它们不会眨眼睛。

　　如果拥有一台大大的望远镜，就可以看到行星们长得各不相同。金星是其中最亮的，经常出现在早上或者晚上，还会像月亮一样发生胖瘦变化。木星身上有条纹，一个大红斑像眼睛一样随着木

土星

木星

火星

金星

月球

水星

星旋转。水星总是藏在太阳身边，很难被看到，长得和月亮很像，有很多陨石坑。火星是红色的，头顶还有个雪帽子。土星身上挂着一个"呼啦圈"。天王星和海王星距离我们太远了，就算用望远镜看还是很难被看到。

金星

木星

1995 WFPC2

2009 WFC3/UVIS

2014 WFC3/UVIS

水星

火星

土星

除了这些星星，我们还偶尔能看到一两颗流星从天空划过。流星的寿命很短，被你看到的时候已经是它最后的生命之光。变成流星的是冲进地球大气层的太空小颗粒，当它们进入大气层时与空气摩擦，会发热甚至燃烧，于是就被我们看到了。看看下面的照片，你能不能发现，流星大多是两头尖中间宽？这反映了流星燃烧的过程。刚开始燃烧亮度小，慢慢全身都燃烧了，亮度就达到了最大，再一点点燃烧殆尽，亮度就又小了。

产生这颗流星的小颗粒大概这么大：

你观察过物质燃烧时候的颜色吗？

下次注意看看，你会发现不同物质燃烧

的时候火焰的颜色不一样，有的偏蓝色，

有的偏红色……我见过一种彩色的生日

蜡烛，它的烛火就有很多种颜色。想象

一下，如果从太空向地球撒下来很多不

同材质的小球，会不会产生一场色彩斑斓的流星雨呢？

有颜色的流星

如果说天空中突然出现什么最为震撼，那么就是"扫把星"了。

你听过这个名字吗？当它在天空中出现的时候，后面总会拖着

一条大尾巴，看起来有点像扫地的扫把。因为它的外形，古时人们

就叫它"扫把星"。

扫把星的大名叫彗星，要知道，肉眼可见的大彗星几十年都难得一见，如果有生之年能看到，那可是非常幸运的。但是，古人由于不认识它，看到天空中突然出现的"奇异现

新智彗星，拍摄于北京市昌平区大庄科长城附近

象"就会感到害怕。他们担心这是不祥的预兆。

现在，随着科学技术的发展，我们偶尔就会看到网上有人发布天空中的"不明飞行物"，在天空中画出了奇怪的路线，还会留下一片云。这很可能是导弹实验或者火箭发射留下的痕迹。看下面的照片，是不是和彗星有那么一些相似？

奔跑吧，"星星"

　　不知你是否在不经意间抬头看到过一颗奔跑的"星星"？别的星星都在天空中静静地挂着，而它在星空背景下飞速狂奔，没过十几分钟就能横跨天际。其实，这些家伙不是星星，它们是人造天体。随着科技的发展，天空中的人造天体越来越多。在为我们提供各种服务的同时，它们也给天文学家造成了一些困扰，因为它们实在是太多啦！而且未来还会更多。

高能预警！这不是星星！

　　当你仰望星空，看到一个跑得很快的亮点，有规律地闪呀闪，

偶尔还能看到它拐弯了，甚至你还看到了它带着白、绿、红光交替闪烁，那么……它可能就是一架飞机！

肉眼可见的遥远星光

上次宇宙旅行时，我们看到了很多星系，如果站在地球上，用肉眼可以看到它们吗？

人类用肉眼可以看到的星系邻居有两个：一个是仙女座星系，另一个是三角座星系。它们都是和银河系一个级别的星系。它们三个如果站在一起比大小，第一名是仙女座星系，第二名是银河系，三角座星系则排名第三。

仙女座星系

银河系想象图

三角座星系

宇宙中会有外星人吗?

你已经知道,宇宙很大、很大,这么大的空间里我们是孤独的吗?会有其他星球也有适宜的环境孕育出生命吗?外星人会是什么样子呢?个头是很大还是很小?用不用呼吸氧气?用不用吃东西?他们的寿命有多长,能活几百年吗?会来地球吗?如果你与外星人见面了,会发生什么事呢?

视而"不见"的黑洞

听说黑洞很厉害,它有很大的吸引力。任何东西靠近它,都会被它吸进去。吸进去之后会变成什么样子呢?黑洞里面是什么样的呢?黑洞一直吞吃东西,它不会撑坏吗?如果两个黑洞相遇了,它们会打架吗?

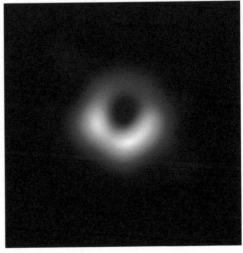

最后我们说说虫洞。科幻电影里面有很多通过虫洞穿越时空的情节，但现实中我们还没有发现它的存在。科学家们猜想，虫洞的一头是黑洞，是入口；另一头是白洞，是出口。假设你拥有一个虫洞，你想用它做什么呢？

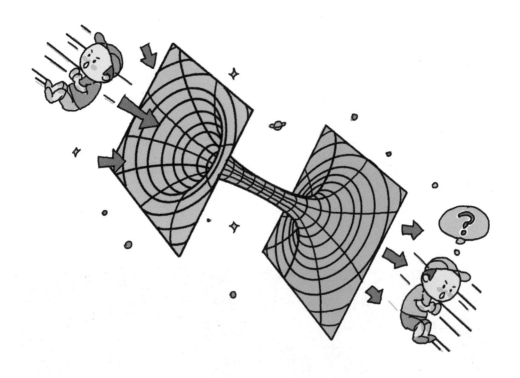

第二篇

来到第二篇，我将带你走出家门，手把手地教你亲眼观察宇宙万物。这一篇中有很多个触手可及的星空观测主题，你可以按照顺序实践，也可以先找自己感兴趣的部分去挑战。

在每一个观测主题中，我会先给你讲一个看星星时发生的有趣的故事，随后告诉你想要成功观测需要做些什么准备。最后你根据自己的目标制订计划，外出观测，做好记录，回来还可以反思本次观测的得失。这就是一份完美的天文观星流程。

 高能预警

1. 天文观测是"看天吃饭"的，很有可能做了很多准备，但是因临时天气不好导致观测失败。保持平常心，习惯就好。

2. 观星的每一个准备环节都非常重要，要做到有备无患。

3. 观星一次会让人意犹未尽，念念不忘。比如流星雨一年有很多场，百看不厌。

4. 天文摄影谨慎入坑，不要着急大量购买设备。

人间最美是银河

如果有人问我，接触天文以来印象最深刻的画面是什么？我的答案一定是第一次看到大草原上空横跨天际的壮丽银河。银河由于比较容易被看到，并且颜值很高，往往被天文爱好者们推崇为第一观测目标。

回想起第一次带同学们一起看银河的经历，是那么令人记忆犹

银河，中国古代人把它比作一条天河，西方人认为它是天上的一条洒牛奶的路

新。夜幕已深，我和同学们一起端着热腾腾的内蒙古咸奶茶，关好灯，走出宿舍，来到一片开阔的草原。我们一起轻轻闭上双眼，在心中默数 1 分钟。在睁开眼的那一刻，世界还有一点点模糊，我能感觉到自己的眼睛正忙于搜索目标，并且试图让自己目光清晰。片刻之后，夏夜银河在我们的眼前逐渐清晰。那是星空中一条不太均匀的星带，那里聚集着无数的星星。

草原的星星真多呀，在城市中生活的我们习惯了抬头只能看到几颗星星。突然间漫天繁星一起向我们眨着眼睛，还有一条银丝带飘在空中，实在是动人心魄。我们呆立在那里，仿佛时间都静止了。

欣赏了银河的壮美，怎么能把它带回家呢？于是我们支起照相机，朝向银河，拍下人生中第一张银河照片，这是我接触天文以来第一次觉得自己干了一件非常有"天文味儿"的事儿。回看照相机中的照片，发现照片中的银河比肉眼看到的更加漂亮，因为照相机可以比眼睛接收更多的光线，会让拍到的银河更加清晰壮美。

就这样，我们带着满满的收获凯旋。在回去的路上，忽然听到"哎哟"一声。我们立刻警惕起来，寻找是哪位同学在号叫。通过闻声定位，我们找到了这位倒霉的同学。他哭丧着脸给我们讲了他的悲惨遭遇。拍完照，他扛着自己的照相机，边走边看银河照片，走着走着觉得脚下一滑。他蹲下身，低头用头灯照自己的脚，还摸了一下自己的鞋子，一股气味扑面而来，他有一种不祥的预感：这味道、这脚感、这手感……一定是踩到了大草原的土特产——牛粪，还是今天下午新鲜出炉的！

为了安抚他幼小而脆弱的心灵，我给他讲，牛粪可是内蒙古的宝贝，他这是踩到了运气呢。大草原上的牛吃的都是草，所以它们的粪并不太臭，就当自己踩到了湿草丛吧。想想看，牧民如果看到牛粪会很开心地捡回家，因为牛粪是非常好的燃料，可以烧火用。最后我补充了一句："但是牧民也只会捡起风干的牛粪，湿的也是会躲着走的。"大家都哈哈笑了起来。

星空加油站

古代人对银河是怎么称呼的？

从古诗词中我们能一窥究竟。

星汉：星汉灿烂，若出其里。曹操《观沧海》

银河：飞流直下三千尺，疑是银河落九天。李白《望庐山瀑布》

星河：五更鼓角声悲壮，三峡星河影动摇。杜甫《阁夜》

天河：天河悠悠漏水长，南楼北斗两相当。王建《秋夜曲二首》

银湾：玉烟青湿白如幢，银湾晓转流天东。李贺《溪晚凉》

为什么看银河之前我们闭了一会儿眼睛，是仪式感吗？

这可是一条观星小秘诀，闭一会儿眼睛可以提高眼睛对黑夜的适应能力，能够让你看到更多星星。它的原理在于，我们的瞳孔可以根据环境亮度来调整大小。瞳孔放大可以让更多光线进到眼睛里，相反，瞳孔缩小就可以限制进入眼睛的光线。闭眼的操作就是告诉眼睛，我已经来到很黑的地方了，你可以把瞳孔放大一点，让我看到更多星星。

当你的眼睛已经适应了黑暗，突然被一束亮的光线照射，你猜瞳孔会做出什么样的反应？对，它会快速收缩，减少进入眼睛的光线，只留一个小孔让少量光线进入。这时你再看天上的星星，会发现少了很多，如果刚才那束光线太亮，你甚至会看不清天上的星星了。

所以，外出观星的时候，文明守则第一条：观星过程中不可以使用强光手电。如果需要使用光源，一般会使用红色的弱光灯。你可以购买一个有红光功能的头灯，或者自制一个红光手电——强烈推荐使用头灯，这样在使用过程中可以释放双手。

银河观测指南

银河之夜让人如此向往，那么想要欣赏它都需要做哪些准备呢？

夏季的夜晚，是北半球观测银河的最佳季节。7~8月的暑假里，找一个晴朗的夜晚（21点以后），就是观测银河的最佳时机。安全的郊外就可以。判断条件就是"黑"，伸手不见五指的地方是绝佳的选择。

做好了充足的准备，相信你一定能体验一场视觉盛宴。天气晴朗是最重要的前提条件。出发前一周开始关注观测地的天气预报，出发前两天关注逐小时的天气预报。重点看是不是晴天，云多不多，有没有阵雨雪。还要看晚上温度是多少，来准备相关装备。

如果你对目的地并不熟悉，就需要对观测地进行提前踩点。白天的时候先观察一下地形、环境，避免晚上一片漆黑遇到危险，比如走路掉坑里。作为一名有亲身经历的观星者，掉进坑里的主要感受就一个字——疼。

天文观测对于服装的需求主要考虑保暖和安全防护。一般不要穿短裤、短袖，哪怕是在夏天，到了晚上室外温度依然比较低。长袖衣物除了保暖，还可以帮你防蚊虫。

人是铁，饭是钢，天文观测是一项有一定体能消耗的活动。你可以根据自己的观测计划，带上适量的零食。看着星空、吃着零食、喝着热水或饮品，会是一件非常幸福的事情。一般我会带上提供热量的零食，例如巧克力、面包。热饮品，例如热巧克力、热奶茶。泡面和自热饭也是不错的选择。

外出活动也需要简单药品应急。例如蚊虫叮咬药、创可贴、擦伤药、驱蚊贴。如果你有照相机、三脚架，可以带上它们，也许就能收获人生中第一张银河照片。智能手机加手机三脚架的组合也是不错的选择，因为手机的拍照功能越来越强大，几乎用自动模式就可以拍出漂亮的星空。有些手机还提供星空拍照模式，真是如虎添翼。

另外，我推荐一些手机上可以下载的天文类 APP。用这些 APP，举起手机就可以知道面前的星空都有什么星座、星云、行星……手机 APP 软件更新换代比较快，举几个例子：

安卓系统有 Stellarium（虚拟天文馆）、星空地图、天文通、星图……

苹果系统有 Solar Walk、天文通、星图、Star Walk、Sky Guide、Stellarium……

当你在星河之下，拿出指星笔指点江山的时候，是否有一种整个宇宙尽在掌控的感觉？需要注意的是，指星笔的安全使用非常重要。因为指星笔一般都是激光发射器，不要对着眼睛发射激光，以免对眼睛造成较大的伤害。最后，别忘了带打扫需要的装备，除了美好的回忆，什么都不要留在观测地，最好可以恢复到你没来过时的样子。

银河玩法小技巧

找到银河

只要环境比较黑，环视一周就可以清楚地看到银河，并不需要借助天空中的任何星标。也可以用手机 APP 辅助查找，大部分星空软件只要举起手机朝向天空，就可以在屏幕上展示眼前的星空。

银河的中心在哪儿？

我们的太阳系在银河系的侧边，所以如果望向繁忙的银河中心，你就会发现这部分很亮。当你认识了星座，会发现银河系的中心就在人马座方向。

银河裂开了？

如果你找到了银河系中心的位置，顺着银河再往北看，就能看到明亮的银河裂开了一个口子。其实并不是因为这个地方没有星星，而是这里有一条不透光的尘埃云，这就和太阳有时会被一片乌云挡住一样。

全天银河

银河系的中心

银河暗隙

看银河可以带走点什么?

拍一张和银河的合影会是不错的选择。用三脚架支起照相机（手机），设置好倒计时拍摄，或者使用遥控器。大家站在银河和照相机之间的位置，摆好姿势，3、2、1——听到"咔嚓"一声后，要像玩"木头人"游戏一样坚持几秒钟，等待照相机曝光结束再移动。因为在漆黑的环境中，照相机需要在底片上积累星光，这可能需要几秒钟才能完成，所以请保持住姿势不要动。

成就：制作属于自己的天文
扑克牌
难度：★★
成就：为自己的扑克牌设
计一种玩法
难度：★★★

扑克牌里藏着的
天文秘密

你玩过扑克牌吗？

扑克牌的玩法太多了。玩扑克牌能练习认字、排序、加减法，可以锻炼逻辑和记忆力，多人组合还能考验团队配合度。

据说，法国的国王路易十四继位的时候太年轻了，他的老师担心他不好好学习，影响国家发展，就把神话、历史、地图等信息画在扑克牌上，这样，老师陪着这位年轻的国王玩扑克牌的时候，就顺便把知识也教给了他。看来，全天下的老师都一样，为了让自己的学生好好学习而想出各种奇奇怪怪的招数，就连国王的老师也不例外。扑克牌除了可以印上不同的图案供人欣赏、学习，它更大的秘密藏在它的花色和数字里。

第一个秘密，隐藏在扑克牌的花色种类里。你知道扑克牌有几种花色吗？

扑克牌有黑桃、红桃、梅花、方块 4 种花色。那么"4"这个数字在你的大脑里可以和哪些天文信息相连呢？

想想看，扑克牌的 4 种花色，是不是可以代表一年有春夏秋冬 4 个季节？

第二个秘密，隐藏在 4 种花色的颜色中。红桃和方块是红色，黑桃和梅花是黑色，一共 2 个颜色。按照前面的思路，我们可以从 2 个颜色提取出的数字信息是 2。数字 2 可以代表什么天文信息呢？

答案是：扑克牌的红、黑 2 个颜色，可以代表地球上的白天和黑夜。

第三个秘密，隐藏在 J、Q、K 之中。

J、Q、K 各有 4 张，一共 12 张。那么"12"这个数字隐藏着哪些天文信息呢？

你大概也想到了，J、Q、K 的总数是一年的月份数。前面说了，4 种花色代表 4 个季节，每个季节中又有 3 个月，这样算在一起，地球上一年有 12 个月。

第四个秘密，我们换个思考方式，做一次脑筋急转弯。一年有 52 个星期，你可以在扑克牌里找到这个数字信息吗？

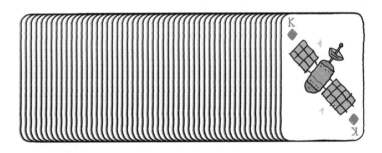

答案是：扑克牌有 54 张牌。如果不算大王和小王，4 种花色的牌一共就是 52 张，代表一年有 52 个星期。

第五个秘密，就需要考验你的数学计算能力了。首先已知条件是：扑克牌有4种花色，每种花色都是由A、2、3、4、5、6、7、8、9、10、J、Q、K组成，还有一个大王和一个小王。试试看，你能不能用以上信息破解平年365天和闰年366天的秘密？

答案是：4种花色的所有数字加在一起是364（A代表数字1、J代表数字11、Q代表数字12、K代表数字13），再加上小王就是平年365天，再加上大王就是闰年366天。

数学计算方法如下：

1个季节（1种花色的数字之和）：

1+2+3+4+5+6+7+8+9+10+11+12+13=91（天）

4个季节（4种花色的数字之和）：

91×4=364（天）

平年（4种花色的数字之和+1个小王）：

364+1=365（天）

闰年（4种花色的数字之和+1个小王+1个大王）：

$$364+1+1=366（天）$$

怎么样，扑克牌是不是隐藏着很多天文信息？而且，天文扑克牌中还有全天 88 个星座的图片和信息，可以有更多种玩法。附录 6 有一套天文扑克牌模板，你可以试着自己做一副。我发明了一种记忆星座的玩法，叫"眼疾手快"。

玩法：眼疾手快

人数：3 人以上

获胜：发牌手发完所有牌后，手里牌多者获胜（秘诀，多看星座图）。

分工：发牌手 1 人，抢牌者 N 人（N 大于 2）。

流程：

1. 发牌手手持所有牌，随后拿出 1 张牌，自己先看牌的内容，不要让别人看到。便于一会儿判断"抢牌者"抢答是否正确。

2. 发牌手快速将这张牌放到桌上，让所有人看到这张牌。

3. 抢牌者快速说出牌上的图案是什么星座。

4. 所有人判断是否正确，如果正确，则抢牌成功；如果错误，抢牌者则需要将手中的牌分给每个抢牌者 2 张。如果手中牌不够分，则出局。（刚开始大家手中都没有牌，如果出错可能会随时出局。）

5. 直到发牌手发完所有牌，分出胜负。

成就：找到北斗七星

难度：★★

成就：找到北极星

难度：★★

北极星竟然不是
全天最亮的星星！

天上最亮的星星是谁？

每次我提出这个问题，得到的答案中"北极星"是最多的。但

这却是错误的。如果你抬头观察，北极星和其他星星比起来并不是

北极星

北极星 ⊙

很亮。如果给全天的亮星排排队的话，北极星大概只能排在第47位。大家看上页的照片，中间那颗就是北极星，旁边有不少星星的亮度都要比北极星的高。

那么，为什么北极星在大家心目中会是一颗超级亮的星星呢？其实它最特别的地方不是它的亮度，而是它的位置。请看下面这张照片：

在庄严的故宫午门上空，星星形成了一圈圈圆弧，这些弧线都是星星在天空中行走的轨迹。北极星在哪儿呢？前面说了，它的位

午门星轨

置超级厉害，动动你聪明的大脑，看看这张照片上哪颗星星的轨迹最特别？（提醒一下，看长度。）

揭秘时间到：在所有圆环的中间，有一个最小的圆环，那就是北极星在天空中行走的轨迹。是不是感觉全天的星星都在围着它旋转？这就奠定了它的地位。

"抢机位"的故事

故宫午门星轨是非常有名的一个构图，因为午门的后面是正北方向，也就是北极星的位置，所以能拍摄出地上庄严宫殿与天上斗转星移交相呼应的感觉，非常符合古代天人合一的理念。最理想的机位就是站在午门正前方拍摄，所以这个地方可是一位难求，一定要早早出发去抢位置。如果想着吃饱喝足等到天黑再去，那是很难抢到好位置的，晴天的晚上那里会同时出现十几台照相机抢机位。

但是拍摄前面那张作品时，我去得并不早，却在长枪短炮的照相机中间寻找到了最中间的位置，我是怎么做到的呢？我肯定不能强行把别人挤走。事实上，我使用了一招"缩小术"，"大家伙"已经占据了有利的位置，我的小设备抢不过它们，但却可以见缝插针，而且一下就插到了最中间的位置。

我用一个超级小的手机三脚架，架上我的手机进行拍摄。这样，和旁边那些巨型照相机和三脚架比起来，我的装备可是非常迷你了。最后我还用了一个绝招，为了避免别人不小心踢到我的设备，我把它塞到了护栏里面。就这样，我不仅抢到了最佳机位，还有绝佳的保护措施，这才成就了这张照片。（本节最后，我会教你怎么用手机拍摄星轨。）

我们接着聊北极星为什么厉害这件事儿。

让我们时光穿梭，回到有皇帝的年代，一起来个情景再现。

想象一下，你就是当时的皇帝，那个时代的天文学家来向你汇报了："启禀陛下，根据多年观测，我们已经掌握了天空中星斗的运行规律。您布置的任务：在天空中为皇宫选址，臣等已经有了初步规划。但是臣等不敢自己做决定，希望您来做主。"你说："快说来听听！""遵命！"大臣说，"据我们观测，北方天空有一块区域的星星永远不会落到地平面以下，臣等认为这一定是天帝的居所。寓意着您的皇权永不衰败。在这块区域，全天的星星都围绕着一颗星星旋转，我们一致认为此星就是陛下您的象征，因为这里最为适合彰显陛下的威严！"你满意地点点头说："所言极是，赏黄金万两！"

根据以上你的光辉故事，我们可以得到北极星的两个特点：第一个，全天的星星都围着它转，说明它的位置非常稳定；第二个，它永远出现在北方的天空，这就非常方便为人们指明方向，所以在没有指南针的时代，人们晚上就是依靠北极星判定方向的。

前面提到，北极星并不是很亮，所以在天空中不是非常明显。怎么样才能快速找到北极星呢？我们就要请出第二个主角了，它就是大名鼎鼎的"北斗七星"。由于这7颗星星在北方天空比较亮，很容易被识别出来，所以从古代开始它们就是寻找北极星的路标。寻找方法也非常简单，请看下面这张照片。

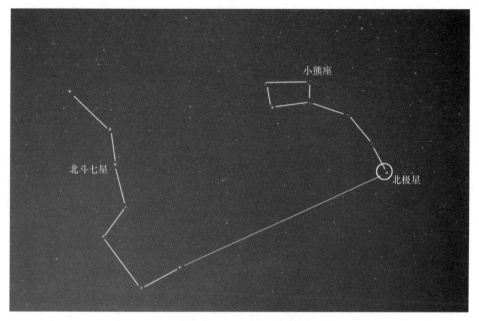

借助北斗七星寻找北极星

当你环视一周找到了这个勺子形状的北斗七星后，你只需要把勺子口的两颗星连成一条线，然后再向前延长这条线 5 倍的距离，就可以找到北极星啦。

瞧，你获得了一项专业的天文知识，这是学过天文和没学过天文最大的区别啦！现在你也知道了，北极星并不是天上最亮的星星，那么谁才是呢？白天当然是我们的太阳，晚上呢？需要在寒冷的冬季才可以一睹它的容颜，它就是"天狼星"。

如果你对前面星星的轨迹那张照片感兴趣，想要自己拍一拍，可以准备一台具有拍摄星星功能的手机，再加上一个带三脚架的自拍杆，就算是做好基础准备啦。下面以华为 Mate 30 Pro 为例，介绍拍摄方法（不同手机这个功能的名称可能不同，请你自己探索一下吧。华为、小米、努比亚等手机都有这个功能）。对于苹果手机用户，有一款名为"NightCap 相机"的应用可以在 APP Store（APP 商店）中找到，它有专门的"星迹拍摄模式"。

1. 找到自己想要拍摄的目标，最好面向北（其他方向也可以，会有不同效果）。

2. 找到相机里的"流光快门"模式，找到"绚丽星轨"选项。

3. 用三脚架固定好手机，面向目标，取景构图，按下快门。

然后就进入了漫长的等待，大概需要 30 分钟才能看到比较明显的效果——毕竟我们要等星星慢慢动起来嘛。在这个过程中，你可以随时在屏幕上看到拍摄效果，满意了随时按下停止键，一张漂亮的星轨作品就收入囊中啦！

要注意一点，千万不要在拍摄过程中移动手机，只要有一点点移动，这张作品就变成一张"大花脸"了。

期待看到你漂亮的摄影作品！让我们一起见证斗转星移！

成就：看到月亮
难度：★
成就：连续一周看到月亮
难度：★★★

揭开月亮女神
的面纱

斗转星移，日月更替。有人认为白天看不到月亮，真的是这样吗?

你是否抬头仰望过月亮? 月亮作为我们地球唯一的天然卫星，我们称之为月球。不同日期看到的月亮各不相同，有时候大，有时候小。而且月亮表面有亮有暗。古时候没有望远镜，天文学家以为亮的部分是陆地，暗的部分则是海洋。其实月亮上一滴水也没有! 这个大发现得感谢伽利略，是他第一次把望远镜指向了天空，不知道当他看到月海（月球表面上比较低洼的平原）没有水的时候是什么样的表情。

月亮喜欢睡懒觉!

如果要问谁没看到过月亮，肯定很少有人举手吧。但如果问谁一个星期里每天都看到过月亮，好像也很少有人举手。曾经我让同学们坚持观测一个星期的月亮，把每天看到的月亮画下来。刚布置任务的时候同学们觉得太简单了，每天抬头看一眼月亮，画个圆不就可以了吗？结果，有的同学第一天好不容易找到了月亮，第二天同样时间再往那个方向看，月亮竟然没有准时到达原来的地方，而是出现在了偏东的位置。月亮迟到了！如果太阳、月亮、星星都是天上的员工，那么月亮肯定是被扣工资最多的那个。它每天都迟到！

去哪儿找月亮？

想想看，人们最喜欢在什么时候抬头赏月呢？正月十五、八月十五……而伴随这些好日子，一同映入脑海的就是一些圆圆的美食吧——汤圆、月饼……嗨，别想吃的了，擦擦口水。刚说到的时间都有一个共同点，它们都有"十五"，"十五"就是找到圆圆的满月的密钥。那么，我们一年就只有 2 次机会看到满月吗？当然不是了，其实每个月都有 1 次满月，只不过有几个月的满月恰好碰到了特殊的节日还有好吃的美食，所以被提到的次数比较多。我们数一数，一年有 12 个月就会有 12 次满月。

"十五"就是每个月的 15 日吗？

赶紧拿出月历找找吧（电子月历和纸质月历都可以）。月历上有两种日期，一种是公历，用数字 1、2、3……31 表示，我们常说的几月几日就是公历。农历是用初一、初二、初三……三十来表示，我们常说的八月十五就是农历八月的第十五天。

我们可以看到，下图中农历七月十五是公历的 8 月 12 日。

8月｜AUGUST						
SUN	MON	TUE	WED	THU	FRI	SAT
	1 初四	2 初五	3 初六	4 初七	5 初八	6 初九
7 初十	8 十一	9 十二	10 十三	11 十四	12 十五	13 十六
14 十七	15 十八	16 十九	17 二十	18 廿一	19 廿二	20 廿三
21 廿四	22 廿五	23 廿六	24 廿七	25 廿八	26 廿九	27 八月
28 初二	29 初三	30 初四	31 初五			

月历（有公历和农历）

咦，是不是发现了秘密？它们不只日期对不上，月份有时候也对不上。没关系，如果我们想看月亮，只关注农历部分就可以了。快去月历上找到有"十五"的日子吧，在上面画个圈，这一天要抬头看月亮哦。

等呀、等呀、等呀，盼呀、盼呀、盼呀……

终于盼来了某个月农历十五这一天，晚上 8 点我们一起抬头看看东方升起来的月亮吧!

出发前,请你和我一起做好准备:

1. 月亮画像记录单、垫板、铅笔、橡皮。

2. 根据天气情况,穿好衣服。

月亮画像记录单

时间:2024 年 3 月 24 日 20 时 00 分　　农历　二月十五

地点:北京市海淀区

月亮出现的方向:东方偏南

月亮的样子:

月亮画像记录单示例

星空加油站

什么是历法？

为了指导人们生产和生活，在古代，不论中国还是外国，几乎每一个"君王"都会做一件重要的事情，那就是修订历法。历法也就是我们常见的日历、月历、年历，它让我们知道什么时候是一年的开始、什么时候种植、什么时候收割。你是不是听说过阳历、阴历，它们是什么呢？阳历就是根据太阳和星星出没的规律制定的历法，阴历就是根据月亮的出没规律制定的历法。目前，世界通用的就是阳历。中国的农历是依据太阳和月亮两个重要星球出没的规律制定的历法，更加科学。

月亮上的"海洋"有名字吗？

天文学家叫它们"月海"，因为他们刚抬头看月亮的时候，也认为上面的深色区域是一片片海洋，所以给它们取了像雨海、静海、风暴洋等海洋的名字。

月亮上的"大坑"

如果用望远镜看，你会发现月亮上有很多圆形的大坑，这些大坑都是月亮被陨石撞击的痕迹，它们的名字叫作环形山。大大小小的环形山都是用科学家的名字命名的。下面送你一个真实的月亮照片，来看看天文学家用望远镜看到的月亮是什么样子的吧。

第谷环形山

雨海

成就：观测所有月相

难度：★★★★★

月亮女神的
减肥秘密

你有没有问过妈妈：这个世界上最难的事情是什么？没准妈妈

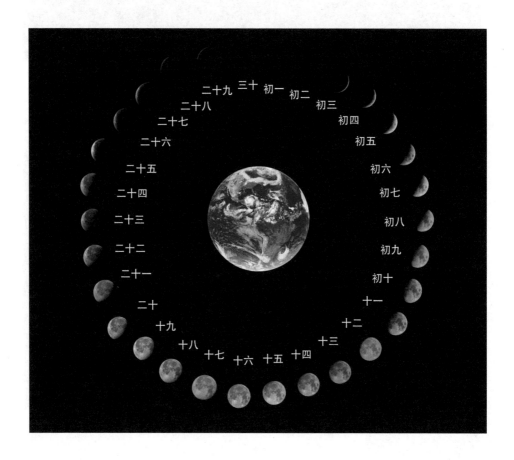

的答案就是减肥。这件事情月亮女神也在不断地努力着，但是据我观测，她的减肥效果可以用"周而复始"来形容。

我是怎么发现月亮女神减肥秘密的呢？这要从我和我们家的小朋友正在干的一件超级有趣的事说起。这件事就是，我们要每天看一眼月亮，然后记录下她的身材的变化。

听起来很简单对不对？这件事放在古代可是大天文学家要连续干一年的大事情！有什么难的呢？因为总是有一些无法抵抗的因素，会不断打乱你的计划，不信我说几个你听听？我们的第一个敌人是天气：阴天下雨是我们无法控制的，月亮就是藏在云彩后面跟我们玩捉迷藏，不给我们看她的减肥成果，是不是非常可气？这个时候，我们就只好让这一天的记录空着了。再一个敌人就是我们自己：哎哟，今天肚子疼，起不来床了；不妙，今天下雨出去玩，导致感冒发烧了，被困在被窝里；哎呀，今天好困，竟然需要半夜 2 点起来才能看到月亮，实在懒得动弹了……第三个敌人就是各种外界干扰：今天同学生日会，一起去吃自助餐，吃到月亮已经偷偷落山了；今天没写完作业，妈妈就是不让我出门看月亮；今天……今天……今天会有太多不可预测的困难。

所以说，想一探月亮女神的减肥秘密，那可是一件非常不容易的事情。

小勇士，对，就是你！你是否愿意和我一起完成这项挑战？也许你需要用 30 天、60 天、100 天，甚至 300 天才能完成这项"壮举"。可是一旦你独立完成，你就可以被称为"小天文学家"了，因为你排除万难挑战了一道"世纪难题"。

如果你已经下定决心要完成这项挑战，那就和我一起出发吧！让我们用科学家的工作方法来完成挑战。

磨刀不误砍柴工，我们需要准备一些装备。下面是我为你精心准备的装备清单，你可以照单准备起来。

装备清单

物品和数量	用途
铅笔 ×1	画出月亮女神的样貌
橡皮 ×1	为月亮女神美颜
月亮女神减肥记录本 ×1	记录月亮女神身材的变化
垫板 ×1	方便记录
日历 ×1	知道日期（阳历和农历）
钟表或手表 ×1	知道时间（具体到几时几分）
指南针 ×1	知道月亮女神出没的方位
袋子 ×1	装好我们的秘密装备

准备就绪，我们出发吧！咦，天上为什么没有月亮？

虽然我想最后再和你一起揭秘月亮女神的减肥规律，但是我不得不先向你透露一个秘密：在农历每月的初五到初八这几天的下午16~18点，用指南针找到南边，就能看到月亮啦！你要问我为什么知道，我只能告诉你这是天文学家多年观测发现的规律！但是这个秘密是藏不住的，也许你用一个月的时间就能发现了。

算好了日子，准备好了装备，定好了闹钟，这下可以出发啦！

希望接下来的一个月每天都是好天气，希望你不会被任何干扰打断。我为你准备了记录本，还画了一个样例供你参考。加油！

月亮女神减肥的一天

月亮女神画像	月亮女神身材指数
	观测日期：2021 年 11 月 9 日 农　　历：十月初五 观测时间：16：30 观测方向：正南

下面，总结一下你发现的月亮女神的减肥规律吧！

月亮女神减肥的规律总结

1.

2.

3.

月亮女神减肥记录本

月亮女神画像	月亮女神身材指数
	观测日期： 　年　　月　　日 农　历： 观测时间： 观测方向：
	观测日期： 　年　　月　　日 农　历： 观测时间： 观测方向：
	观测日期： 　年　　月　　日 农　历： 观测时间： 观测方向：
	观测日期： 　年　　月　　日 农　历： 观测时间： 观测方向：
	观测日期： 　年　　月　　日 农　历： 观测时间： 观测方向：

星空加油站

为什么有的月份没有农历三十，而是二十九结束之后就到下个月的初一了?

这是因为月亮阴晴圆缺的变化周期是二十九天半，为了方便记录，人们就把月份分为了大小月，一个大月30天，一个小月29天。所以你看到的日历农历每个月的天数有的是29，有的是30。

超级月亮

今夜全年最大月亮亮相夜空！

听到这个新闻的时候你是不是迫不及待地想冲到外面观测一番？我第一次观看超级月亮也是这样被"忽悠"出去的。当我看到明亮的满月时，我陷入了沉思。月亮看起来好像并没有"特别"大，和我平时看到的差不太多。甚至还没有我以前看到的刚从地平线升起来的普通满月大。

不能放过任何疑问，看完月亮后我就查询了资料。到底超级月亮是不是真的大了？数据显示月亮的大小的确是有变化的。超级月亮，一般指的是当年最大的满月。让我们一起看看满月最大的时候和最小的时候能相差多少。

到底是什么原因导致月亮时大时小呢？是热胀冷缩吗？原来，月亮围绕着地球转的时候，路线并不是圆的。你能在下面图里找到月亮轨道离地球最近的地方吗？请你在月亮的轨道上做个标记。

超级月亮和最小满月的对比图

距离会导致我们看到的月亮大小有变化吗？让我们做个实验试试吧。

当月亮距离地球最近的时候，就产生了超级月亮，为什么人类对超级月亮抱有这么大的幻想呢？

第一，因为月亮的与众不同。人们本来就对天上的星星充满了好奇，可是星星看起来都太小了，只能看到一个亮点。月亮却不同，月亮是距离地球最近的星球，人用肉眼就可以看到它的样貌，还可以发现它有时候是小月牙，有时候是大圆盘。

第二，因为月亮给地球带来的影响。它可以影响大海的潮起潮落。你可以在海边做个实验，和大海来一场战斗，每隔一个小时在海浪可以拍打到的岸边做一个记号。如果大海前进你就后退，如果大海后退你就前进，看看这个记号的位置会有什么变化。你们在沙滩上的战场会有很大一块地盘，这就是潮水的起伏范围。这跟月亮有什么关系呢？潮水的起落就是月亮用自己的引力把地球表面的水吸起来了。那你再

思考一下，如果在距离地球最近的时候呢，是不是力量更大了？那潮水会怎么样？

如果你对这个问题感兴趣，可以在网上搜索一下钱塘江大潮的视频，看看月亮的力量有多大。

观测超级月亮的准备：

1. 观测记录套装（笔、记录单、垫板……）。

2. 能看到月亮的地方。

3. 制订方案（关注新闻或者天文观测日历，了解发生时间）。

4. 不宜长时间盯着月亮看，因为太亮啦！

5. 如果有望远镜，一定要加上月亮滤镜，减少月亮的亮度。

广大民众对超级月亮都非常有兴趣，我猜这可能因为媒体的"夸大"宣传。这就给天文科普提供了很好的机遇——利用大家的好奇心，让更多人看一次月亮不是很好吗？

例如一些天文社团或者天文爱好者，会利用超级月亮的噱头来组织月亮的观测，同学们会各自组成小组寻找一个地盘，进行路边天文观测。这个地盘有以下几个特点：人多，这样才能让更多人参与；安全，不能在河岸、马路边等容易发生危险的地方，小广场、公园、商场的公共露天活动区都是不错的选择。架起望远镜，打开知识展板，挂起天文社团队旗，就开始招呼路人欣赏超级月亮了。有些小组创建聊天群，来观测的路人可以加入群共同交流，这样可以发展一批新的爱好者。有的小组提供单反相机，让路人自己拍下月亮的特写，然后发给他们作为留念。还有小组教路人怎么用手机在望远镜后面拍照。

路边天文非常有意义。你为了给路人讲解清楚，需要提前了解更多的天文知识。你为了招揽更多路人来观测，锻炼了口才。最重要的是，你为天文科普做出了重大的贡献。怎么样，当你更加了解天文知识的时候，愿不愿意到路边做一名小讲师呢？

谁掳走了月亮女神？

光天化日之下竟然敢强抢女神！是谁如此大胆！

月食串像

此话怎讲？那要从我记录月亮女神减肥经历的时候说起。正值农历十四、十五那两天，不知月亮女神这两周吃了什么好吃的，身材越来越圆润了。就在农历十五的那天晚上，当我望向月亮女神的时候，我发现月亮女神慢慢变得暗淡了，我揉了揉眼睛，以为是自己眼睛出了问题。我又闭眼两分钟，让眼睛适应一下黑暗，也许就可以看到更清晰的月亮。当我睁开眼睛的时候，大事不妙，明亮的月亮女神消失不见了！吓得我瞪大双眼，眼前的月亮女神变成了血红色！

难不成，月亮女神在天上被一个身披红色斗篷的坏人劫持了？他用红色的斗篷盖住了月亮女神，想要把她掳走吗？吓得我紧紧闭上了

双眼。等我再次睁开眼睛时，看到月亮女神慢慢地从血红色的斗篷里露了出来。

这时，我猛地从床上坐了起来，原来是我做了一个梦。

为什么会做这样的梦呢？可能是和我刚观测了一场壮观的月全食有关吧。我目睹了月亮从一个圆球慢慢地被地球的影子遮挡变成了月牙，然后在我以为它会消失不见的时候，它竟然变成了血红色。随后慢慢地，它从地球的影子中逃脱出来，恢复了明亮的满月。

星空加油站

为什么月食发生的时候我们看到的是红色的月亮？

按理说，月亮进入地球的影子里应该变黑才对，为什么变成了红色呢？其实这是地球送给月亮的礼物，我们的地球表面有一层大气层，当光线穿过大气层的时候，有些颜色的光线被吸收了，有些颜色的光线穿过去了。你猜什么颜色的光线穿过去了？对，就是红色。所以月亮就被这些红色的光稍微照亮了一些，成了红色的月亮。

怎么观测月食呢？

月食看点：在发生月食的过程中，你可以看到月亮一点点被吃掉的样子。月全食的整个过程大概要持续 3 个小时。如果你想要看到月全食过程中整个月亮都变成了红色的画面，请关注预报中的食甚阶段。

月食各个阶段的名称

1. 初亏（咔嚓第一口）：月食开始啦！

2. 食既（刚好全吞下）：月亮刚刚完全进入了地球的本影内，月亮变成暗红色。

3. 食甚（进到肚子中间）：月亮中心与地球本影中心最接近的瞬间，是红月亮颜色最匀称的时候。

4. 生光（要吐出来啦）：月亮到达地球本影的边缘，开始露出头来了，这时月全食阶段结束。

5. 复圆（完全吐出来啦）：月亮刚刚完全离开地球本影，这时月食全过程结束。

最佳观测时间和地点

月食发生时，只要是在晚上就可以看到，所以如果开始时间是在我们所在地区的白天，那么这次月食就是我们看不到的。最佳观测地点就是可以看到月亮的空旷的地方。下面给你一个月食发生的预报，你可以根据它来做月食观测计划。

月食预报表

日期	月食种类	开始时间 （北京时间）	结束时间 （北京时间）
2025 年 3 月 14 日	月全食	13:09	16:48
2025 年 9 月 8 日	月全食	0:26	3:56
2026 年 3 月 3 日	月全食	17:49	21:17
2026 年 8 月 28 日	月偏食	10:33	13:52
2028 年 1 月 12 日	月偏食	11:44	12:42
2028 年 7 月 7 日	月偏食	1:08	3:31
2028 年 12 月 31 日	月全食	23:07	2:36
2029 年 6 月 26 日	月全食	9:32	13:12
2029 年 12 月 21 日	月全食	4:55	8:29
2030 年 6 月 16 日	月偏食	1:20	3:46

（数据均整理自 NASA 的日食、月食数据网站，均为预测数据，仅供参考）

观测装备和观测记录

基础"装备"：你的双眼。

提高装备：任何望远镜。

观测记录：观测月亮的时候，每过一段时间发现有形状的变化就记下来。

观测记录表

观测日期：	农 历：
观测时间	**月亮的样子**
初亏 观测时间：	
食既 观测时间：	
食甚 观测时间：	

（续）

观测时间	月亮的样子
生光 观测时间：	
复圆 观测时间：	

观测感受：____

____

____

____

成就：看到日全食

难度：★★★★

成就：看到日偏食

难度：★★

成就：看到日环食

难度：★★★★

谁吃了我的太阳？

在一个明媚的白天，忽然之间，短短几分钟之内天就黑了，星星出来了，有些动物趴下要睡觉了。人们看看手表，距离晚上还有很久呀。这是发生了什么情况呢？原来，这是一种天文现象，叫作日食。

日食全程（拼图）

关于日食有太多的传说故事，在古代，由于大家对天文现象背后的原因不太了解，就只能靠自己的经验和想象去猜测。日食发生的时候，太阳是一点点变小的，就像是一张大饼被一口口吃掉了一样。不同国家的人对日食的猜测也不一样，所以就出现了很多吃掉太阳的怪兽。比如，中国人认为是天狗，古印度和加勒比海沿岸的土著人认为是巨龙，越南人认为是青蛙，阿根廷人认为是美洲虎，西伯利亚人则认为是吸血蝙蝠。

中国天狗吃太阳的故事

故事主人公的名字叫作目连，他是释迦牟尼的徒弟。目连是一个非常善良的人，但是他的母亲经常做坏事。有一天她突然想到一个坏主意，寺院里面住的都是吃素念经的和尚，他们是不能吃肉的。她就想去寺院给和尚赠送包子，但是包子却是狗肉馅的。这样和尚们吃了的话，就犯了大错。目连知道后劝母亲不能这样做，可是她根本不听。

天上的玉皇大帝知道这个事情之后，非常生气。怎么可以如此戏弄和尚！于是玉皇大帝把目连的母亲打入十八层地狱，变成了一只恶狗。后来这只恶狗从地狱逃了出来，到天上找玉帝报仇，没找到玉帝，就追逐太阳并把它一口吞到了肚子里。地上的人发现天上的太阳被一只恶狗吃了，想到一个办法，就是敲锣打鼓、燃放鞭炮，吓得恶狗把吃掉的太阳吐了出来。于是，地面上又拥有了阳光。人们把这个故事叫作天狗吃太阳。

日食到底是怎么形成的呢？

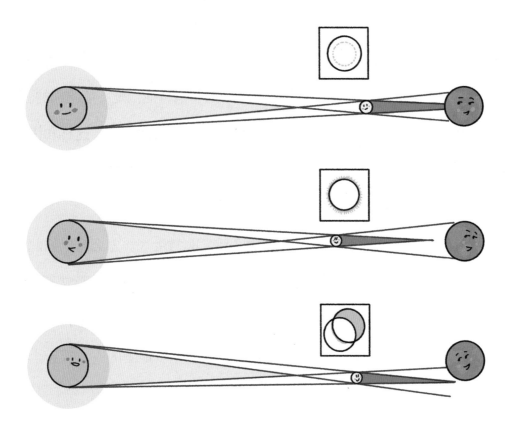

　　太阳、地球、月亮三个星球在各自的轨道上运行，当月亮运行到地球和太阳中间的时候，在地球上看向太阳，太阳被月亮挡住了，于是就发生了日食。

怎么观测日食呢?

时间和地点:

几乎每年都会发生日食,但是想要看到它并不容易。因为每次发生日食的时候只有在地球上一小部分地方能看到,而且地球上海洋还很多,经常是在海洋上才能看到。下面我为你准备了2025~2030 年的日食预报。你需要关注的是观测的地点,除了这些地点,其他地方是看不到的。中国下一次可以看到日食将在 2030 年。

日食预报表

日期	时间 (当地时间)	观测地点
2025 年 3 月 29 日	10:48:36	日偏食:非洲西北部、欧洲、俄罗斯北部
2025 年 9 月 21 日	19:43:04	日偏食:南太平洋、新西兰、南极洲
2026 年 2 月 17 日	12:13:05	日环食:南极洲
		日偏食:阿根廷南部、智利南部、非洲南部、南极洲
2026 年 8 月 12 日	17:47:05	日全食:北极、格陵兰岛、冰岛、西班牙
		日偏食:北美洲北部、非洲西部、欧洲

日期	时间（当地时间）	观测地点
2027 年 2 月 6 日	16:00:47	日环食：智利、阿根廷、大西洋
		日偏食：南美洲、南极洲、非洲南部和西部
2027 年 8 月 2 日	10:07:49	日全食：摩洛哥、西班牙、阿尔及利亚、利比亚、埃及、沙特阿拉伯、也门、索马里
		日偏食：非洲、欧洲、中东、亚洲南部和西部
2028 年 1 月 26 日	15:08:58	日环食：厄瓜多尔、秘鲁、巴西、苏里南、西班牙、葡萄牙
		日偏食：北美洲东部、中美洲和南美洲、西欧、非洲西北部
2028 年 7 月 22 日	2:56:39	日全食：澳大利亚、新西兰
		日偏食：东南亚、东印度群岛、澳大利亚、新西兰
2029 年 1 月 14 日	17:13:47	日偏食：北美洲、中美洲
2029 年 6 月 12 日	4:06:13	日偏食：北极、斯堪的纳维亚半岛、美国阿拉斯加州、亚洲北部、加拿大北部
2029 年 7 月 11 日	15:37:18	日偏食：智利南部、阿根廷南部

日期	时间 （当地时间）	观测地点
2029 年 12 月 5 日	15:03:57	日偏食：阿根廷南部、智利南部、南极洲
2030 年 6 月 1 日	6:29:13	日环食：阿尔及利亚、突尼斯、希腊、土耳其、俄罗斯、中国北部、日本
		日偏食：欧洲、非洲北部、中东、亚洲、北极、美国阿拉斯加州
2030 年 11 月 25 日	6:51:37	日全食：博茨瓦纳、南非、澳大利亚
		日偏食：非洲南部、印度洋南部、东印度群岛、澳大利亚、南极洲

（数据均整理自 NASA 的日食、月食数据网站，均为预测数据，仅供参考）

观测装备：

日食的观测需要一副专业的眼镜，一般网上商城都可以买到。它的名字叫作日食眼镜或者巴德膜眼镜。如果观测日食时我们直接用眼睛看太阳是非常危险的，眼睛会被阳光刺得很疼。日食眼镜可以把太阳的光线调到刚好的亮度。普通的黑色墨镜和深色的玻璃是不可以用的，它们挡不住那么多直接照射到眼睛里的光线。

观测记录：

观测太阳的时候，每过一段时间发现太阳有形状的变化就记下来。

观测记录表

观测日期：

观测时间和方向	太阳的样子
初亏 观测时间：	
食既 观测时间：	
食甚 观测时间：	

（续）

观测时间和方向	太阳的样子
生光 观测时间：	
复圆 观测时间：	

观测感受：_____

_____

_____

_____

_____

_____

太阳的小秘密

爱美的同学到了初中可能就要面对一个新的困扰，脸上开始长青春痘。太阳也有这样的困扰，频繁程度比人类更甚。人类一辈子就一次青春期，而太阳每 11 年就爆发一次"痘痘"。

太阳黑子

上面的照片中你可以看到太阳的"烦恼"就是那个小黑点。它的名字叫太阳黑子。太阳黑子就是太阳上面温度相对低一些的地方。虽说低一些，那也有4000多摄氏度呢！

　　从观测记录中可以发现，太阳差不多每11年就会进入黑子的活跃期，就是太阳黑子会又多又大。有科学家根据太阳黑子的爆发时间表对应植物生长等进行学科研究，发现两者有同样的周期变化。我认为应该不是黑子直接影响地球上的生物，而是黑子的活跃年里太阳的各种活动都变得很活跃，可能对地球上的生物有一些影响。比如有植物学家观察到，树木年轮的间隙也有11年一个周期的规律，下次你再看到树桩的时候可以观察一下有没有这个现象。

　　中国古代就有观测太阳黑子的记录，很有趣的是天文学家观测到太阳上面有黑色的东西，就在想用什么来描述它呢？太阳是一个金黄色的大圆盘，上面有些黑色的东西出现，不如就叫它黑子或者黑气吧。黑子的大小就用常见的东西来描述，比如香瓜、拳头、鸡蛋、鸭蛋、枣子、钱币等。还有一些长相不规则的黑子就用飞禽来描述，

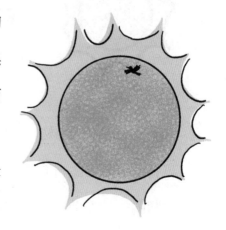

比较常见的就是乌鸦、喜鹊、燕子等。

古代人们都非常迷信天象，太阳象征的就是君王。如果太阳上出现了黑子，就被认定是君王有做得不好的地方，如果不好好改正就会遭到惩罚。于是，他们就安排天文学家密切关注太阳黑子的变化。

怎么观测太阳黑子呢?

太阳作为一个非常特殊的观测目标，看它既容易又不容易。容易是因为它每天都会出现在天空之上，并且非常显眼，很容易被找到。不容易是因为它实在太亮了，用眼睛直接看根本受不了。

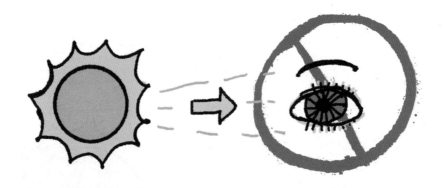

观测太阳黑子的方法 1：使用日食眼镜观测

日食眼镜是发生日食时，方便人们直接观测太阳又不会被太阳灼伤眼睛的一种专业眼镜。它的镜片不是普通的玻璃，而是一种减

光膜，可以减少 99.99% 的太阳光。戴上它就可以随时抬头观测太

阳了，唯一需要注意的是，观测之前一定要检查镜片是否完好，有

破洞或者磨损的都不要用。

优点：直观、简单、安全。

缺点：相比望远镜看到的目标有些小。

使用日食眼镜观测

观测太阳黑子的方法 2：望远镜观测法

此方法是在方法 1 基础上的提升，如果手头有小型望远镜，可以尝试把日食眼镜挡在镜头前，固定好。这样望远镜就戴上了日食眼镜。需要注意的是，一定要盖严实，不要让光线从日食眼镜镜片以外的地方进入望远镜中。如果觉得制作麻烦，也可以直接购买适合望远镜的太阳滤镜。

优点：更清楚、更大。

缺点：准备工作难度稍大。需要望远镜，需要动手改造配件，观测有风险。

观测太阳黑子的方法 3：手机拍照法

很多手机摄像头都有长焦功能，可以将远处的景物拉近，我们可以利用这个功能，给手机的镜头上戴上日食眼镜，用手机直接拍摄太阳黑子。

优点：可以留下照片。

缺点：准备工作有一些难度。

观测记录表

观测日期：

观测时间和方向	太阳的样子，黑子的位置
观测时间： 观测方向： 观测感受：	

人类制造的星星

天上有一种星星，是人类制造的。它们跟别的星星比起来个头很小，但却给我们的生活带来了很大的帮助。它们就是人造卫星。

先思考一个问题：如果给你一颗人造卫星，你想用它做什么？现在你可能还没有思路，等一会儿了解它们之后，你就有自己的答案了。

第一种，宇宙之眼——太空望远镜

我们可以安安全全地在地球上生活而不被宇宙辐射威胁，主要是地球外面有一层"大气层"保护着我们。它可以为我们挡住有害的辐射。天文学家在观测星星的时候发现，大气层会让星星看起来一闪一闪的，对观测星星有些干扰。天文学家的这一烦恼你做个实验就能了解了。冬天的时候，你可以打开窗户看外面的星星，你会发现星星"抖"得更厉害了。这是因为屋子里的热空气跑出去了。你透过"热浪"看星星的感觉就跟天文学家透过大气层看星星的感觉差不多了。

所以怎么才可以摆脱这个困扰呢?

天文学家想啊想,如果能把一个望远镜放到地球的大气层外面就好了。哈勃望远镜就是一个非常伟大的太空望远镜,它给我们传回来了巨量的天文照片。让我们一起认识一下它,并欣赏几幅它的作品吧。

哈勃望远镜

哈勃望远镜的摄影作品

　　2022 年，哈勃望远镜的"接班人"——韦伯太空望远镜已经上天。当你看到这本书的时候，它应该已经有了很多惊人的发现。

韦伯太空望远镜

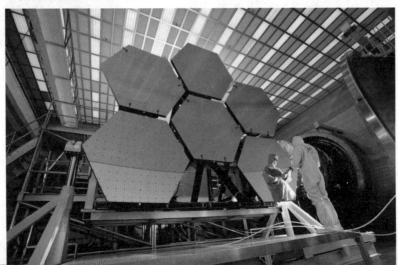

第二种，天空之眼——人造地球卫星

天气预报、卫星地图、卫星电话、地球资源探测、位置导航、测绘、广播、侦察……自从第一颗卫星上天之后，人类发射了大量的卫星上天，完成了很多在地面上无法做到的工作。例如，气象卫星可以在天上观测云的变化和走向，预测天气的变化。导航软件已经是日常生活中不可缺少的工具，如果你打开它的卫星视图，就能看到卫星在天上拍到的地面景象，地面上的建筑物清晰可见，再结合导航卫星，就可以知道自己在地球的什么位置。人造地球卫星不仅在日常生活中很有用，在抗震救灾等救援中也发挥着救命神器的作用。

东方红一号，中国第一颗人造卫星

第三种，地球信使——飞往外太空的卫星

人类探索的脚步永远不会停止，迈向太空看看外面的世界是什么样子是人类一直以来探索的动力。于是，旅行者 1 号、旅行者 2 号就出发了，它们两个从地球出发飞往外太空，一路上遇到了哪颗行星还不忘给我们拍照片看看。它们路过了木星、土星、天王星、海王星，还看到了好几颗这些行星的卫星。2014 年 9 月，NASA 宣布旅行者 1 号飞出了太阳系。它随身携带的一张金唱片是送给外星生物的礼物。如果外星人截获了旅行者 1 号探测器，他们就可以根据唱片上的信息了解地球文明。

当时美国总统卡特的演讲曾提到旅行者 1 号携带的这张唱片，

旅行者 1 号进入星际空间

内容是："这是一份来自一个遥远的小小世界的礼物。上面记载着我们的声音、我们的科学、我们的影像、我们的音乐、我们的思想和感情。我们正努力度过自己的时代，以期能与你们的时光共融……"55种问候语中，有4种是中国的语言，分别是普通话、粤语、闽南语、吴语。27首世界名曲也被收录其中，其中就有中国古曲《流水》。

第四种，人类在天上的家——空间站

发射了很多卫星之后，人类把更大的东西送上天的能力越来越强。那么，有没有可能发射一栋房子到天上，让人们可以在上面生活、做实验？敢想敢干的人类就开始了空间站的建设。目前天上最

国际空间站

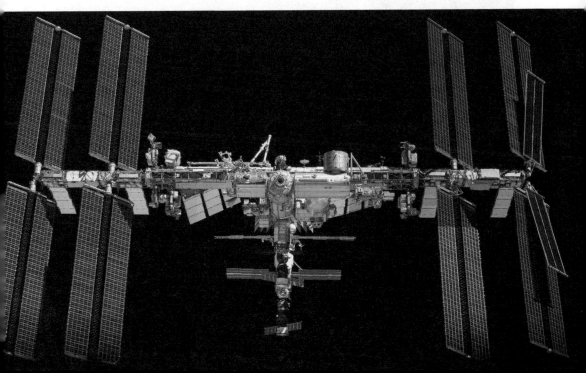

大的人造天体是国际空间站，英文名缩写为 ISS。然后就是中国的空间站，英文名缩写为 CSS。它们快速地围绕着地球飞行，大概 90 分钟就可以绕地球一圈。如果它们中的一个刚好在晚上从你头顶经过，你可以看到一个很亮的光点在天空中飞奔。

中国空间站

成就：成功观测中国
空间站

难度：★ ★ ★

跟中国航天员
打个招呼

中国空间站是中国载人航天工程的重要组成部分。空间站是什么呢？你可以理解为是在太空建个房子，过程就像搭建乐高积木。用大火箭发射一个核心舱上去，然后再通过几个飞船送人送物，然后再发射两个实验舱上去，在太空中拼成一个完整体。这栋太空房子就初步建好了。如果后面还需要新的功能，还可以继续发射节点舱和实验舱。从只有一个客厅到两室一厅，外加几个小车库和库房，最后慢慢建成大别墅。

自从中国空间站可以入驻航天员之后，一批批航天员就飞天住上了这个太空之家，我们叫它"天宫"。

天宫在天上围着地球飞行，大概 90 分钟就可以围绕地球转一圈，有时候它就会从我们头顶的星空飞过。那么，我们如何才能观测到天宫呢？

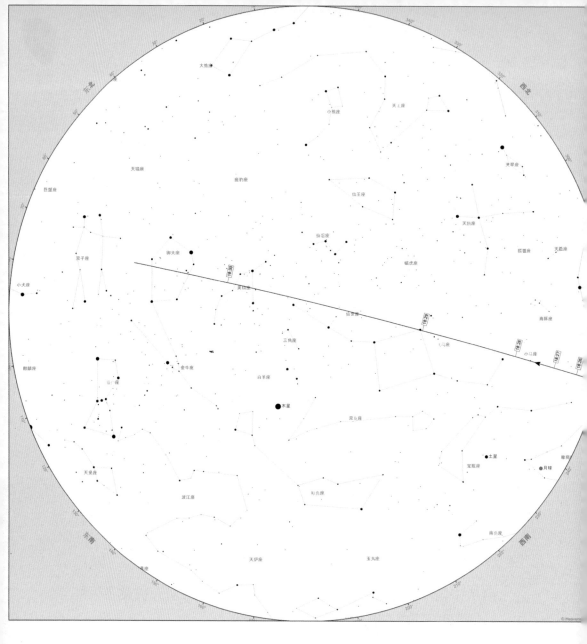

　　首先，我们需要了解它什么时候出现，这就需要借助在线查询网站或者手机小程序来完成。了解了出现的时间之后，就可以定好闹铃，等待天宫在天空中出现。你可以看到天宫的身影在星空中华丽地飞奔！

先来学学天宫过境预报查询。首先推荐入门门槛最低的微信小程序"天文通"。

1. 打开"天文通"后，要先让它知道你在地球上的什么位置观测。在首页左上角就可以设置定位。

2. 在首页找到快捷入口"空间站星链预报"，进去后就可以查看未来 10 天中国空间站过境的详细数据，包括日期、亮度、可见开始和可见结束的方位角和高度角。

3. 选择自己想要观测的时间进行准备。如何选择呢？给你几条提高成功率的建议。

（1）选择亮度高的。软件中的亮度用星等来表示，你只需要记住这个数字越小目标越亮——亮的目标比暗的目标更容易观测。

（2）选高度高一些的。因为太低就会被地面的建筑物挡住。

（3）前面两个条件都是客观条件，不受我们控制。下一个条件就要看你的毅力了，那就是时间。时间选在天黑后到晚上22点比较合适。如果选择凌晨2点的过境时间，就需要定好闹铃或者做好熬夜的准备了。我相信，任何困难都挡不住你想和中国航天员打个招呼的决心。

4. 选好了最佳的过境信息，点进去就可以看到一张星图，它展示的是天宫本次过境会在天空的什么位置飞过，并给出了星图作为参考。

什么？你说你还不认识星图？我只能再传授给你一个绝技啦！

那就是借助手机软件。这次，我们依然有很多种选择，例如安卓手机的"星图"或者"虚拟天文馆"软件、苹果手机的"Star Walk"软件都可以做到。当你把手机朝向夜空，就可以在手机屏幕上看到天上是什么星座了。

做好了以上的准备，你就可以定好闹铃，在观测时间之前，到开阔的、暗一些的环境里等待天宫过境。

下面这张图片，是耿夏同学在北京西山拍到的中国空间站和国际空间站先后过境的照片。两条线就是两个空间站飞行的轨迹。

中国空间站和国际空间站过境摄影图

成就：观看火箭发射视频
难度：★
成就：现场观看火箭发射
难度：★★★★

把卫星送上天的大火箭

你有没有思考过这样一个问题：人类为什么要探索太空？我想这一定是源于人类的好奇心，好奇心驱使我们不断探索未知的领域。

是它，驱使我们不断想要了解我们从哪里来，我们要到哪里去。

是它，让我们建造无比巨大的望远镜，一窥宇宙的模样。

是它，让我们迈开飞离地球的第一步，飞往月球、火星，飞出银河系。

宇宙的起源真的是大爆炸吗？黑洞真的可以一直吃也不会撑坏吗？虫洞真的可以进行时空穿梭或者时光旅行吗？我们的宇宙是唯一的吗？这个世界上有外星生物吗？……人类有太多想要了解的内容，等着我们去发现其中的真相。有一些我们站在地球上可以观测和分析明白，有些则需要我们飞到太空，回望我们的地球才可以明白。

地球上的各个国家都在进行着自己的努力。有的用火箭发射了卫星，在太空中观测地球；有的建立了太空实验室；有的发射了探测器，飞往外太空；有的立志要征服火星，把它改造成适宜人类居住的第二家园……

所有这一切的起点都来自人们的飞天梦。

人类想要摆脱地球的引力，飞向太空，就需要拥有巨大能量的秘密武器——火箭。只有火箭才能飞出地球吗？我们看到的飞机、热气球、氢气球不能飞出地球吗？答案是只有火箭能做到。因为其他几种飞行器都是依靠空气飞起来的，而空气只存在于地球的大气层里，所以它们的活动范围就只能在地球大气层内。

就像大海里有各种鱼类，有的游得快，有的游得慢，但是它们都没有办法脱离大海飞向天空。

能把人送上天的"快递小哥"——运载火箭，都是由哪些部分构成的呢？火箭的基本组成部分其实非常简单：发动机、燃料和货物。发动机通过燃烧燃料，提供动力，把需要送的货物送到指定地点。

让我们跟着图片了解一下我国目前送货能力最强的运载火箭——长征五号（CZ-5）吧！

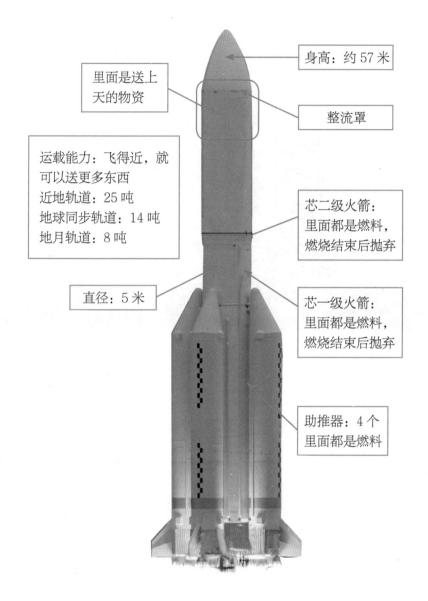

里面是送上天的物资

身高：约 57 米

整流罩

运载能力：飞得近，就可以送更多东西
近地轨道：25 吨
地球同步轨道：14 吨
地月轨道：8 吨

芯二级火箭：里面都是燃料，燃烧结束后抛弃

直径：5 米

芯一级火箭：里面都是燃料，燃烧结束后抛弃

助推器：4 个里面都是燃料

　　想要观测火箭，最酷的就是去火箭发射现场观看。很多机构会组织专业的观看火箭发射的研学活动，你也可以根据发射计划，直接去火箭发射场附近预订酒店，坐等发射。

发射架

到了火箭发射中心，可以看到发射架，里面放的就是整装待发的大火箭！

观看火箭发射

在发射观测台上听着指挥中心的语音播报："3——2——1，点火！"亲眼观看"长征飞天"，在现场感受国家硬核科技实力，真的让人热血沸腾。

火箭总是能激起同学们的好奇心。一些一年级的同学提出了一连串的疑问，我们一起来解答吧！

一飞冲天的长征五号运载火箭

1. 火箭是怎么飞上天的？

答：火箭是靠着发动机卖力向下喷火，给火箭提供升力飞天的。

2. 火箭升空后，助推火箭怎么分体？

答：炸开。助推器的固定螺栓是可以引爆的，当要分离的时候，只要通电就会引爆螺栓，助推器就自然脱落了。放心，爆炸威力是精确计算好的，不会炸坏火箭。

3. 如果火箭没油了，要去哪里"加油"？

答：目前我们国家的火箭都是加够了燃料才发射，不用中途"加油"。我国正在研究可以反复使用的火箭，这样火箭送完快递飞回来，检查维护一下，加满燃料就可以再次出发了。

4. 海上可以发射火箭吗？

答：可以。海上、飞机上、陆地上是三个发射火箭的主要地方。

5. 为什么发射载人飞船的火箭和别的火箭长得不一样？

答：长征二号运载火箭是发射载人飞船的主要火箭，我们给它取了个名字叫神箭。它的头顶上有个尖尖的部分，和其他火箭圆圆的头顶非常不同，这个部分叫作逃逸塔。火箭在发射时如果发生了危险，它能带着航天员和飞船脱离火箭。所以，它是个逃生装备，是救命用的。

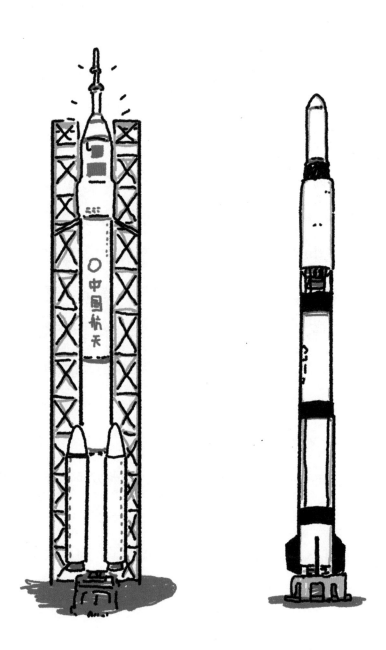

6. 火箭的大肚子里装的都是什么呀?

答:火箭头上装的是发上天的装备,有可能是卫星、航天器、望远镜等我们称之为有效载荷。火箭的肚子里装的更多的是燃料。

7. 为什么火箭要在空中分离?

答:把火箭分成几段,这样就可以一边飞一边扔掉一些多余的重量。如果不分离,那些已经没有燃料的部分就是累赘了。

8. 为什么中国发射的都是飞船而没有航天飞机呢?

答:虽然我们有很多技术已经处于国际领先水平,但是我们的发展时间比西方短。就像两个同学比赛跑步,一个同学已经跑了5分钟了,第二个同学才开始追。所以我们国家制定策略的时候就选择了更加安全稳定的飞船,放弃了航天飞机的研究方向。

9. 中国的火箭是怎么命名的?

答:中国的火箭大多都是长征系列,随着发展有不同型号的火箭完成不同的任务。例如长征二号 CZ-2、长征五号 CZ-5、长征七号 CZ-7、长征八号 CZ-8……也许你也发现了,有些火箭名字后面还有一个英文字母,例如长征五号乙是 CZ-5B,代表的意思是长征五号第二代。

10. 火箭释放卫星的时候是怎么分离的？

答：这个有很多种方式，其中一种就是用弹簧，火箭飞到位之后释放弹簧把卫星弹出去。

11. 为什么火箭不可以横着发射？

答：因为竖着飞可以更快地飞出地球。

12. 为什么有的火箭需要外挂几个助推器？

答：根据"助推器"的名字你就可以想一想，它是帮助一级火箭一起工作的。例如发射航天员上天的神箭长征二号运载火箭，它就有 4 个助推器，可以在起飞阶段帮助火箭更快地摆脱地心引力。

13. 火箭脱离的部分掉到哪里了呀？会不会砸到人？

答：不知道你有没有发现一个规律，火箭发射场都建在荒无人烟的地方。这就是为了确保火箭脱离后的部分不要伤到人，并且还需要比较容易被找到。是的，虽然目前这些部分还是一次性的，但用完了也不能乱扔，要捡回来。

14. 火箭由多少个部件组成？

答：就以我们国家的大火箭长征五号运载火箭为例，它由超过100000 个零件组成。发射前要确保每个零件都安全。

成就：看到肉眼可见
的大彗星

难度：★★★★★

"不祥之物"
扫把星

如果让古人投票"最让人恐惧的三大天象"，日食、月食、彗星一定是名列前茅。

为什么其他星星就那么让人"安心"？我们一起来列数一下。

恒星是天上的老实人，每天排好队在天空中周而复始地运转着。队列整齐划一，状态恒久稳定，是古人心中"完美"的典范。

行星，相比恒星就不那么老实了。它们会在恒星的队形中游走。好在它们的游走也是有规律的，能摸清规律就不会让人害怕。

流星，偶尔一颗飞过，找个借口就可以搪塞过去。比如人们可以说，一颗"陨星"划过，是有一位德高望重的人去世了。如果来一场流星雨，在古人看来就不太"安全"了。

日食、月食都是非常重大的天文现象，在古代都被认为是不祥的象征。有的皇帝还曾经在日食之后对着上天进行深刻的自我反思，向上天解释自己做得不好的地方，有什么改进措施。

　　彗星是被妖魔化最严重的天象。古人认为，如果出现彗星，则预示着战争、谋反、将军阵亡、灾情等。

　　古人对天文现象的恐惧主要来自未知。例如彗星的出现已经大大超出了常人的生活经验和理解范围。毕竟，能够用肉眼看到的大彗星，一辈子可能也看不到几个。

　　古人很早就开始了对彗星的记录，例如湖南长沙马王堆三号墓出土的帛书中就有对彗星的记录。

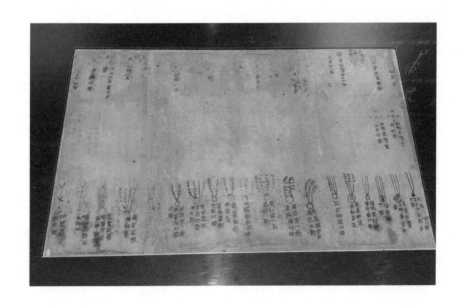

彗星到底是什么呢?

彗星的英文是 Comet，来自希腊语，意思是"长头发的星"。

中文"彗"字就是"扫帚"的意思。

我们可以把它看作一个脏雪球，就像冬天你滚出来的夹杂着地面上灰尘的雪球。这个雪球飞到太阳附近时，表面被太阳烤化了。由于它正在飞奔，被烤化的部分就像它的头发一样在后面飘着。

有一些彗星来自遥远的柯伊伯带，柯伊伯带在海王星轨道外侧，在距离太阳约 30~100 天文单位（地球到太阳的距离为 1 个天文单位）的区域。这里有许多环绕太阳运行的冰体，受到行星引力的影响脱离柯伊伯带，开始向太阳方向飞行，于是就成了短周期彗星。

著名的哈雷彗星就是短周期彗星中的一员。它的名字来自于英国物理学家爱德蒙·哈雷，他第一个预测了哈雷彗星的回归日期。虽然哈雷计算出了轨道和回归日期，但是他没有亲眼看到哈雷彗星再次回归就去世了。

哈雷彗星每隔大概 76 年就回归一次。如果一个人可以活 100 岁，最多能看到几次哈雷彗星呢？我们假设他在少年时期看到过一次哈雷彗星，那么他在老年时期还有机会再看到一次。如果他在中年时期才看到一次彗星，那么他可能在有生之年就等不到下一次的彗星回归了。

哈雷彗星

上次哈雷彗星回归是1986年，预计下一次是2061年。算一下，哈雷彗星回归的时候你多少岁？

还有另一类彗星是长周期彗星，它们来自更远的地方——奥尔特云，著名的海尔－波普彗星就来自这里。它的轨道周期长达3000年，而上一次回归是1997年。被发现时，它的亮度比哈雷彗星在相同距离时要亮上千倍，是近 20 年来最壮观的彗星之一。

彗星们会有下面几种宿命。

旅行者：它们会定期回到太阳附近，然后再去旅行。前面提到了短周期彗星和长周期彗星，它们的区别就是出门远近不同，回家时间长短不同。

流浪者：来一次太阳附近被我们看到了，走掉之后就再也不回来了。

遇难者：它可能是旅行者或者流浪者，当它在太阳系中穿梭时，要时刻小心行星和恒星，如果靠得太近就会被它们的引力捕获，甚至掉到星球上摔得粉身碎骨。

苏梅克-利维九号彗星就是太过于接近"气态巨人"木星，被木星吸引并撕裂后坠入了木星的大气层。当时全世界的天文学家都用望远镜对准木星，看到了这一奇景。

苏梅克-利维九号的彗核被木星引力拉碎成 21 块，1994 年北京时间 7 月 17 日 4 时 15 分到 22 日 8 时 12 分的 5 天多时间内，它的碎片接二连三地撞向木星，这相当于在 120 多个小时中，在木星上空不间断地爆炸了 20 亿颗原子弹，释放出了约 40 万亿吨 TNT 烈性炸药爆炸时的能量。

地球人都是外星人？

有一种假说，一颗带有大量水分的彗星撞到了地球上，给地球带来了水，才造就了美丽的蓝色星球。科学家也发现一部分彗星上的水竟然和地球上的水有相同的化学成分。

都说水是生命之源，如果地球上的水来自彗星，彗星来自遥远的太空。那我们岂不是来自地球之外的生命？

彗星是流星雨的妈妈？

彗星在太阳的烘烤下，会在行走的路径上撒下很多碎屑。如果这些碎屑刚好在地球的轨道上。地球撞到这些碎屑，它们就会掉落到大气层中形成流星，如果燃烧不完就会变成陨石落到地面。

彗星观测：

肉眼可见的大彗星的观测非常容易，只要我们在日落时看向西边，日出前看向东方就可以看到它。

观测准备：

1. 查预报，做计划。

2. 肉眼观测。

3. 填写记录单。

成就：看到流星
难度：★★
成就：看到一场流星雨
难度：★★★★

转瞬即逝的梦想
快递员：流星

哇！流星！！快许愿！！！

你看到过流星吗？想看吗？想知道什么时间、去哪儿、怎么看吗？今天的挑战就是看到流星，甚至看到很多流星。来吧，观星少年！

动画片或者电视剧中常常会出现主人公对着流星许下心愿的浪漫画面，流星总是充当着"梦想快递员"的角色。如果有机会，你想向这位"快递员"许下什么样的心愿呢？你可以在下面的心愿池里把它写下来，毕竟流星都滑落得特别快，这样，下次看到流星的时候你就来得及许愿啦！

心愿池

心愿池使用说明： 首先，我们的心愿不想让别人看到，那么怎么让心愿"隐身"呢？我们只需要用一个没有"油"的笔，在心愿池里写（刻）下你的心愿，这样你就得到了一个只有"心愿痕迹"的心愿池。如果想要心愿显露出来，只需用铅笔在上面轻轻地涂上一层，你的愿望就显现出来啦！另外，用白色蜡笔写字也可以有同样的效果。

心愿就绪！我们去哪儿找流星呢？它有没有固定的出没时间？

怎么才能确认自己看到的就是流星呢？我们精心想好的愿望可不能被"人造卫星"带走了。

想看到流星，可是得万事俱备才可以，因为它不像太阳和月亮那样每天都挂在天上。虽然天上时不时也会有一颗流星划过，但是随机性很强，不好预测。如果想守株待兔的话，等两天也不一定能看到一颗，毕竟它可能出现在你的视线之外。

所以我们从时间、地点、准备条件来分别说说，怎么更好地抓到流星的尾巴，许下愿望。

先说说时间，在这儿你有两个选择。

第一，随时仰头都可能看到（一颗）。概率只有万分之一。它的名字叫偶发流星，听名字就知道它是偶然而来、没有规律的，虽然大概每天都会有一些，但是和流星雨比起来数量可就太少了。

第二，掐指一算，寻找流星雨发生的日子，在流星雨最猛烈的那几天进行观测。如果天气好的话，概率百分之百。文后推荐了北半球最值得观看的 3 场流星雨。

再说说地点，在这儿有几个条件，符合条件越多，看到的流星就越多。

第一，环境够暗。判断条件：抬头看，天上的星星超过 100 颗，这就说明环境够暗。环境越暗，就越能看到更多"不太亮"的流星。

第二，视野开阔。判断条件：能看到的天空区域越大越好。因为流星会出现在各个方向，看到的天空区域越大，能看到的流星就越多。

最后说说准备条件，作为观测的主角我们需要准备什么呢？

第一，擦亮你的慧眼，观测流星使用的最昂贵的设备就是你的眼睛。如果视力很好，那么你就拥有了观测流星的最佳设备。如果眼睛近视，就请配好眼镜再来哦。

第二，带上零食和热饮。观测流星雨可是个辛苦活儿，如果你想看超多颗流星，那么就需要做好打持久战的准备。巧克力、能量棒、巧克力奶、热奶茶，都是不错的选择。不过我还是最喜欢吃"深夜泡面"，虽然看起来不太健康，但是伴着流星雨吃完一桶泡面还是会让我感到超级满足。

第三，准备个躺椅或者地垫。如果你不想仰头几个小时导致脖子抽筋的话，就准备一个能够躺着看流星雨的装备吧。

曾经有一次暑假中，我在内蒙古大草原观测英仙座流星雨，准备了地垫和睡袋，暖暖地躺在草原上，看着天顶的流星一颗颗划过，实在太浪漫了！谁知慢慢地我就睡着了，在梦乡中，感觉草原上的牛群哞哞地叫着，美美地吃着草……咦？青草的香味儿怎么这么浓郁，牛哞哞的叫声好像近在耳边？这时我一睁眼，哎呀，天都亮了！身边有两头牛正悠闲地啃着我睡袋边的草，还"哞哞哞"地交流着草的口感。我的照相机被其中一位深深地吻了一口，镜头上还留下了它黏糊糊的口水。那次草原奇遇实在太有趣了，但是也让我后怕：幸好那两个家伙在吃草的时候对我的头发不感兴趣；幸好它们舔了一口觉得照相机不好吃，没把它啃烂；幸好它们没有冒冒失失踩到我……所以，外出观测，环境安全也是超级重要的，千万别在野外像我一样没心没肺地睡过去啊！

话说回来，到底该在什么时间，去哪儿看流星雨呢？有没有特别好的推荐呢？还有很多小问题没有解答呢！

怎么区分流星和人造卫星？

最简单的方法就是看它的持续时间。如果你看到一个在星空背景下奔跑的小亮点，并且跑了好远之后亮度仍大体不变，那么它就一定是人造卫星无疑了。流星和人造卫星最大的区别，就是它出现的时间相对比较短，短则一秒，长则十几秒。（再长就可能是它个头太大，很有可能掉在地上变成陨石，快追它，捡陨石去！）

在城市的小区里能不能看到流星雨呢？

能，但是很少。除非很亮的流星，其他暗一点的流星都会被城市的灯光掩盖。所以，去远离城市的郊外才是最好的选择哦！

看流星要用望远镜吗？

千万不要，因为我们要一眼看到天空中更多的区域，望远镜会让我们看到的区域变小。要是让我说，给我一双鱼的眼睛才更好呢，那样我就能看到 360° 无死角天区啦！

流星雨什么时候看最好呀？

北半球三大流星雨推荐：象限仪流星雨、英仙座流星雨、双子座流星雨。

三大流星雨时间表

名称	时间	推荐指数
象限仪流星雨	1 月 4 日前后（太冷了）	★ ★ ★
英仙座流星雨	8 月 13~14 日前后（很舒服）	★ ★ ★ ★ ★
双子座流星雨	12 月 14 日前后（太冷了）	★ ★ ★

🪐 **小建议**

观测流星雨的时候可以录音，这样你就可以从录音的欢呼声中数一数看到了多少颗超亮的流星。

星空加油站

什么是流星？什么是流星雨？陨石和流星有什么关系？

首先，地球有个叫作"大气层"的保护罩，保护罩以外我们都称之为"太空"。无论任何太空的物体，都需要穿过大气层才能来到地面。假设"小明"是一颗太空小石头（人们叫它"太空颗粒"），想要冲进地球的怀抱，它从太空跳进大气层的时候，就像一个人一下跳进泳池一样，会感受到很大的阻力。然后，它的身体和大气层摩擦、摩擦、摩擦、摩擦……就变得越来越热（不信做个实验：你两只手在 10 秒钟内快速摩擦 100 次试试）。"小明"感觉身体越来越热，慢慢热得发红发亮。此时就是你看到的发光的流星了。但是，"小明"在热到发亮之后发现自己的身体竟然被大气层摩擦得变小了，就像冰块慢慢融化掉了一样。几秒之后，"小明"的身体就燃烧殆尽了——这颗流星就完成了自己的整个生命。以上就是我们见到的普通流星，几秒钟的时间一闪而过。

如果"小明"军团集体来地球做客，就是流星雨啦！

如果"小明"个头太大，穿过大气层的时候没有燃烧完，落在地上就是陨石啦！

总结 ....

"小明"在太空的时候，身份是太空颗粒，进入大气层的时候身份变成流星，落在地上身份就变成陨石。

如果你想看看真的陨石，可以去天文馆或者地质博物馆瞧瞧。比如，北京天文馆就陈列着大大小小的陨石，甚至还有一块巨大的铁陨石摆在院子里。不瞒你说，我曾经还啃了一口铁陨石，味道怎么说呢，我感觉"有点儿甜"。具体为什么我会感觉有点儿甜呢，可能和它是"铁"陨石有关。

温馨提示 ···

　　请不要学我去天文馆啃露天的陨石，因为每天它都被很多人触摸，可能带有很多细菌或者病毒哦。如果你特别好奇铁到底是不是有甜味儿，你可以舔一舔家里的铁锅（注意，铁锅一定要是凉的且干净的哦）试试。

各大天文馆简介

◇　北京天文馆

官网：http：//www.bjp.org.cn

北京天文馆位于北京市西城区西直门外大街 138 号，1957 年正式对外开放，是我国第一座大型天文馆，也是当时亚洲第一座大型天文馆。

北京天文馆主楼的设计灵感来自非常富于科幻感的黑洞，当你走进天文馆，就像是被吸进了天文知识的黑洞。这里面有巨大的蔡司天象厅，可以观看绚丽的球幕星空节目。另外，4D影院的节目也非常精彩，互动体验感很强。广场中间的巨大天球可以让你纵览全天88个星座。西侧院子里还有一块大陨石可以供你观赏。

除播放科普节目外，北京天文馆举办的各项展览、天文科普讲座、天文夏（冬）令营等各项活动同样引人入胜，"星星是我的好朋友""天文馆里过大年"等活动早已成为备受公众瞩目的品牌活动。北京天文馆集展示与教学于一体，通过举办天文知识展览、组织中学生天文奥赛、编辑出版和发行天文科普书刊《天文爱好者》、组织公众观测等众多科普活动，不失时机地向公众宣传普及天文知识。北京天文馆已真正成为孩子们"没有围墙"的学校。

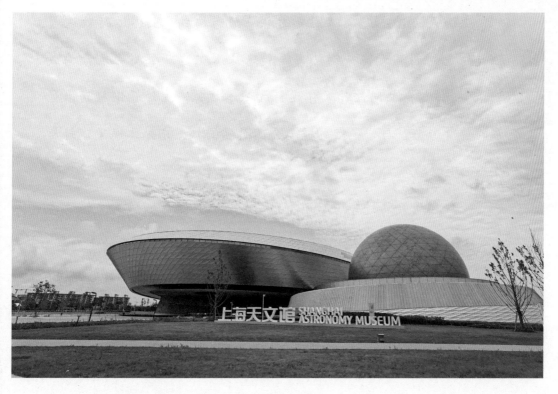

◇ 上海天文馆

官网：https：//www.sstm-sam.org.cn/#/home

上海天文馆是全球最大的天文馆。它以"塑造完整宇宙观"为愿景，努力激发人们的好奇心，鼓励人们感受星空、理解宇宙、思索未来。

上海天文馆主建筑以优美的螺旋形态构成"天体运行轨道"，独具特色的圆洞天窗、倒转穹顶和球幕影院这三个圆形元素构成"三体"结构，共同诠释天体运行的基本规律。室外绿化勾勒出星系的旋臂形态，与"星空之境"公园自然衔接，充分体现了建筑与生态的有机融合。

像这样的天文科普场所还有很多，不只是名字叫作天文馆的才有天文科普的内容，科技馆、科普馆等展馆也都会有天文的主题展。你可以根据地图软件搜索一下身边都有哪些科普展馆，然后去探宝吧！

我的天文百宝箱

作为天文爱好者都需要有哪些观星装备呢？古话说得好，工欲善其事，必先利其器，意思就是干活之前先准备好装备，这样可以提高效率。有哪些装备会让我们的观测如虎添翼呢？

你可以把自己收集到的装备，用一个百宝箱装起来。每次天文观测时带上相关的装备即可。

1. 一双明亮的眼睛。

眼睛虽不属于"装备"范畴，但却是进行任何天文观测的基础，视力越好看到的星星就越多。所以要保护好自己的眼睛哦！如果视力不好，就需要戴好眼镜了。

2. 视力增强眼镜。

如果你是眼睛近视，那么可以准备一副比平时度数高25°~50°的眼镜作为观星眼镜。它可以提高你看到星星的能力。但是眼镜度数高了会给眼睛增加压力，不要长时间佩戴。

3. 指星笔。

指星笔也叫激光笔，它可以射出一条光线，用于指出天空中的目标。注意不要用指星笔照人，射线会灼伤眼睛。

4. 活动星图（纸质）。

纸质活动星图是外出观星必备神器。只要把它举过头顶就能知道现在天上的星座是哪一个。

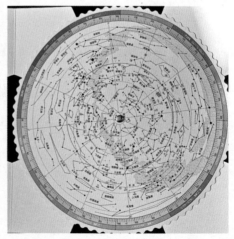

5. 头灯。

头灯可以解放双手，在黑暗的夜晚给你一束微弱的光，方便你看清星图和笔记。记得一定要选有红光功能的头灯，因为夜间红色光线可以减少对眼睛的刺激。你会发现，如果晚上看过很亮的光线，再去看星星，星星就变少了。

红光头灯

6. 手机星图软件。

手机星图软件在你认识星座和辨认天上的星星时非常有帮助，有些软件中还有很多拓展知识可以学习。

例如，安卓系统的 Stellarium、星空地图天文通、星图，苹果系统的 Solar Walk、星图、Star Walk、天文通、Sky Guide、Stellarium。

7. 双筒望远镜。

小型的双筒望远镜，可以让你更清晰地看见目标，例如月球的月海和环形山。

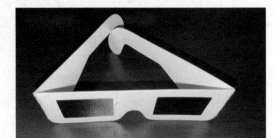

双筒望远镜

8. 日食眼镜。

肉眼不可以直接看太阳，否则会造成非常严重的后果。所以观看太阳时必须使用日食眼镜，它可以挡住99.99% 的光线。观看太阳黑子时也需要它。

日食眼镜

9. 专属天文记录本。

记录下你每一次的观测内容和感受，你可以自己定制一个天文观测专用本。

10. 彩笔。

彩笔便于记录，例如有时候你需要记录恒星的不同颜色。

11. 垫板。

外出观星时，为了方便写字记录，最好配备 1 个垫板。

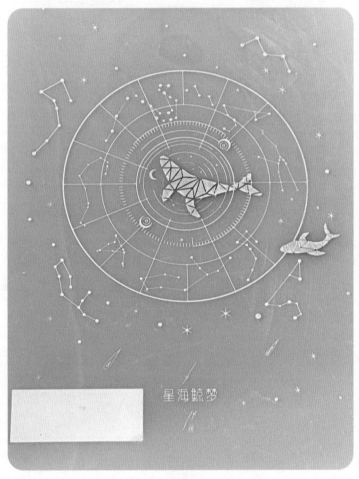

垫板

12. 指南针。

指南针是观星时最基本的工具，它可以帮助你寻找方向。

指南针

13. 保暖用品：厚衣服、手套、帽子、围巾、暖宝宝、暖水瓶……

当你经历过一次冬天观星，你会深刻地认识到保暖的重要性。

2025~2035 年月食表

月食表								
日期	食分	初亏（北京时间）	食既（北京时间）	食甚（北京时间）	生光（北京时间）	复圆（北京时间）	全食持续时间	月食持续时间
2025 年 3 月 14 日	1.183	13:09	14:25	14:58	15:32	16:48	66.4	218.9
2025 年 9 月 8 日	1.367	00:26	01:30	02:11	02:53	03:56	82.9	210.1
2026 年 3 月 3 日	1.156	17:49	19:04	19:33	20:03	21:17	59.4	207.8
2026 年 8 月 28 日	0.935	10:33	——	12:13	——	13:52	——	198.9
2028 年 1 月 12 日	0.072	11:44	——	12:13	——	12:42	——	58.4
2028 年 7 月 7 日	0.394	01:08	——	02:19	——	03:31	——	142.5
2028 年 12 月 31 日	1.251	23:07	00:16	00:52	01:28	02:36	72.2	209.5
2029 年 6 月 26 日	1.849	09:32	10:30	11:22	12:13	13:12	102.5	220.2
2029 年 12 月 21 日	1.122	04:55	06:14	06:42	07:09	08:29	54.7	213.9
2030 年 6 月 16 日	0.508	01:20	——	02:33	——	03:46	——	145.4
2032 年 4 月 25 日	1.196	21:27	22:40	23:13	23:46	00:59	66.5	211.9
2032 年 10 月 19 日	1.108	01:24	02:38	03:02	03:26	04:40	48.5	196.6
2033 年 4 月 15 日	1.099	01:24	02:47	03:12	03:37	05:00	50.5	215.7
2033 年 10 月 8 日	1.355	17:13	18:15	18:55	19:35	20:36	79.6	203.1
2034 年 9 月 28 日	0.020	10:30	——	10:46	——	11:02	——	31.4
2035 年 8 月 19 日	0.109	08:31	——	09:11	——	09:50	——	78.4

（数据均整理自 NASA 的日食、月食数据网站，均为预测数据，仅供参考）

2030~2060 年中国可见的日食

类型	时间	中国可观测的地区
环食	2030 年 6 月 1 日	内蒙古根河，黑龙江黑河、伊春、鹤岗、抚远
全食	2034 年 3 月 20 日	西藏西南部
全食	2035 年 9 月 2 日	新疆叶城、若羌，甘肃玉门，内蒙古乌海、呼和浩特，河北张家口，北京，天津蓟县，辽宁西南部，辽东半岛大部
环食	2041 年 10 月 25 日	内蒙古呼锡林浩特、通辽，辽宁沈阳、抚顺、本溪，吉林通化
全食	2042 年 4 月 20 日	曾母暗沙
环食	2042 年 10 月 14 日	曾母暗沙
全食	2060 年 4 月 30 日	新疆喀什、库尔勒，甘肃玉门、兰州，青海西宁，陕西西安

（数据均整理自 NASA 的日食、月食数据网站，均为预测数据，仅供参考）

天文挑战成就榜

主题	成就	难度	成就达成记录
出发，去看宇宙啦！	认识我们的宇宙	★	
	脑洞大开，思考宇宙级问题	★★★★	
宇宙那么大，站在地球上可以看到什么呢？	知晓"头顶"天文	★★	
人间最美是银河	看到银河	★★★	
	拍到银河	★★★★	
	学会一首描写银河的古诗	★★	
	会使用电子星图找星星	★	
扑克牌里藏着的天文秘密	制作属于自己的天文扑克牌	★★	
	为自己的扑克牌设计一种玩法	★★★	
北极星竟然不是全天最亮的星星！	找到北斗七星	★★	
	找到北极星	★★	
	用手机拍摄一张星轨照片	★★	

（续）

主题	成就	难度	成就达成记录
揭开月亮女神的面纱	看到月亮	★	
	连续一周看到月亮	★★★	
	看到月海	★	
	看到环形山	★★	
	记录一张月亮的画像	★	
月亮女神的减肥秘密	根据日历规划月亮观测计划	★★	
	傍晚成功观测到农历初二到初七之间的所有月相	★★★	
	夜晚成功观测到农历初八到十五之间的所有月相	★★	
	夜晚成功观测到农历十六到二十一之间的所有月相	★★	
	后半夜或早晨成功观测到农历二十二到二十九之间的所有月相	★★★	
	观测所有月相	★★★★★	
超级月亮	看到超级月亮	★★	
谁掳走了月亮女神?	看到月全食	★★	
	看到月偏食	★★	

（续）

主题	成就	难度	成就达成记录
谁吃了 我的太阳？	看到日全食	⭐⭐⭐⭐	
	看到日偏食	⭐⭐	
	看到日环食	⭐⭐⭐⭐	
太阳的 小秘密	看到太阳黑子	⭐⭐⭐	
人类制造的 星星	能认出天上飞过的是人造 天体	⭐⭐⭐	
跟中国航天 员打个招呼	成功观测中国空间站	⭐⭐⭐	
	看到国际空间站在天空飞过	⭐⭐⭐	
把卫星送上 天的大火箭	观看火箭发射视频	⭐	
	现场观看火箭发射	⭐⭐⭐⭐	
"不祥之物" 扫把星	看到肉眼可见的大彗星	⭐⭐⭐⭐⭐	
转瞬即逝的 梦想快递员： 流星	看到流星	⭐⭐	
	看到一场流星雨	⭐⭐⭐⭐	

看到"难度"栏里的星星了吗？这里共有97颗星星等你来挑战。当你解锁一定数量的星星后，就可以获得一个新称号。加油，追星逐梦的天文爱好者！

153

获得星星数量	称号	称号解读
10 颗	宇宙新人	你可以初步了解宇宙的样子，畅想无穷宇宙里都有哪些宝藏等你探索，成为对未来充满希望和憧憬的爱好者
50 颗	星空探索者	你已经尝试观测了几次星空，从此以后，你觉得星空不再陌生，你内心坚信自己有能力认识更多星星
70 颗	星球猎人	你已经可以认识很多星星，甚至能够辨认它们的方向，还能利用手头的工具帮助自己认识星空，是一名有实力的天文爱好者
90 颗	宇宙达人	你已经拥有了天文学家的眼睛，能够用科学的方法进行天文观测，并有坚韧的毅力持续观测星空；你已经进入天文爱好者的团体，一起追寻宇宙梦想吧